RANG HAIZI ZHAOMI DE ZIRAN BAIKE

让孩子着迷的
自然百科

哲空空◎著

图书在版编目（CIP）数据

让孩子着迷的自然百科.2/哲空空著.--北京：
中国致公出版社，2021
ISBN 978-7-5145-1884-9

Ⅰ.①让… Ⅱ.①哲… Ⅲ.①自然科学—青少年读物
Ⅳ.①N49

中国版本图书馆 CIP 数据核字 (2021) 第 214495 号

让孩子着迷的自然百科.2/ 哲空空　著
RANG HAIZI ZHAOMI DE ZIRAN BAIKE

出　　版	中国致公出版社	
	（北京市朝阳区八里庄西里 100 号住邦 2000 大厦 1 号楼西区 21 层）	
发　　行	中国致公出版社（010-66121708）	
责任编辑	李　爽	
责任校对	邓新蓉	
装帧设计	天行云翼	
责任印制	邵卜硕	
印　　刷	三河市祥达印刷包装有限公司	
版　　次	2021 年 12 月第 1 版	
印　　次	2021 年 12 月第 1 次印刷	
开　　本	880 mm × 1230 mm　1/32	
印　　张	6.5	
字　　数	107 千字	
书　　号	ISBN 978-7-5145-1884-9	
定　　价	45.00 元	

小豆爸: 35岁, 知识渊博, 没有他不知道的事情, 缺点是太唠叨了。

小豆妈: 33岁, 耐心细致, 愿意陪小豆玩任何游戏, 还做得一手好菜。

小豆: 5岁, 爱笑爱闹, 鬼点子很多, 是家里的开心果。因为脸圆得像一颗豆子, 故名小豆。

小黄: 中华田园犬, 1岁, 跑得超快, 是小豆最好的朋友。

目 录

地球风云：
尝尝地球的咸甜酸

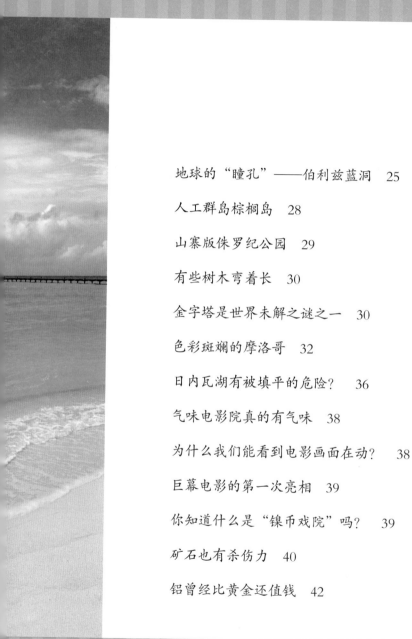

第二章　人体的秘密

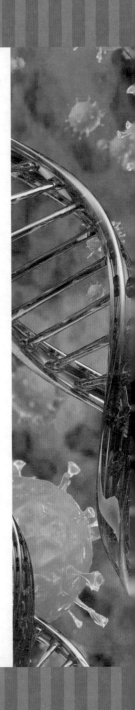

第三章

科学怪人：
实验室里的"疯子"

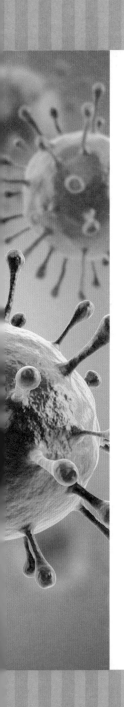

第一章

地球风云：
尝尝地球的咸甜酸

地球其实也不大

地球的陆地面积约为1.49亿平方千米，人口约为75亿。陆地面积均摊到每个人，不足0.02平方千米。人们常说"天大地大"，天确实很大，地是真不大。

地心温度超高

苏联科学家曾提出发射地质火箭，探索地球内部。实地测得的资料表明，每深入33米，温度就会升高10 ℃，地心的温度高达几千摄氏度，更可怕的是那里的压强达到了3亿多千帕。真是上天容易入地难啊，钻地小能手土行孙威武。

地壳越深处温度越高。相关资料显示，地下30千米处，温度可以达到1000 ℃。很多从地下冒出来的泉水都非常烫。青藏高原上有条河，每隔一段时间，河里就会有大批大批的死鱼浮出河面。原来在河底某处有一股热泉，遇到这股热泉的鱼就会被烫死。这大概是世界上最天然的"水煮鱼"了。

地壳

地幔

外核

内核

地球主要由地核、地幔和地壳
组成。地核又分为内核和外核。

地球的内部结构
是什么样的?

跟随地球去旅游

如果你喜欢旅游却又囊中羞涩，可以这么安慰自己：地球以30千米/秒的速度绕着太阳转动，太阳系则以250千米/秒的速度绕着银河系旋转，地球就是一个特大的"宇宙飞船"，我们天天乘着它进行太空旅行。

地球也会自转，我们不动，好像也在旅行一样。

难怪我有点晕晕的。

新加坡是世界上最干净的城市之一

新加坡虽然号称"狮城"，但并不出产狮子。新加坡的英文是"Singapore"，在梵语中是"狮城"之谐音，因此得名"狮城"。它被誉为花园城市，别说狮子，估计连虱子人们都找不着。

小豆，垃圾不能乱扔啊，会被罚款的。

知道啦。

冰岛并不是最冷的国家

冰岛其实并不算冷，这里7月份的平均温度为11℃，1月份的平均温度为零下1℃，比同纬度的其他国家要暖和得多。冰岛的首都是雷克雅未克，在冰岛语中，它的意思是"冒烟的海湾"。为什么叫这个名字呢？因为这个地方的地热资源非常丰富，到处都是温泉。这里虽然叫"冰岛"，但是到处都是"地暖"。

没错。

冰岛的冬天好像还没有我国东北的冬天冷啊。

罗马斗兽场是古罗马文明的象征

罗马斗兽场建于公元72—80年，别名科洛西姆竞技场，是古罗马建筑风格的典型代表。它总占地面积约为2万平方米，可容纳5万至8万名观众。整个竞技场全部用砖石和水泥修筑而成，最下面两层是巨型石柱和石墙，坚固异常。有一则罗马谚语叫"科洛西姆永不倒"，这是在跟我们的万里长城媲美吗？

小黄，我可舍不得送你去斗兽场。

地球的中心在哪里？

厄瓜多尔的首都基多是世界上距离赤道最近的城市。在距离基多城北24千米的地方，建有一座赤道纪念碑，上面写着"这里是地球的中心"。

你知道曼谷的全名吗？

泰国首都曼谷的原名共由167个拉丁字母组成，用中文发音类似这样：共台甫马哈那坤森他哇劳狄希阿由他亚马哈底陆浦欧呐辣塔尼布黎隆乌冬帕拉查尼卫马哈洒坦。读者朋友，请别向作者乱丢鸡蛋，冤有头债有主，这个名字是拉玛一世起的。

珠穆朗玛峰是世界上海拔最高的山峰

据科学家观测，珠穆朗玛峰每年以几厘米的速度增高。那些想征服它的登山爱好者们要抓紧了，不然登山难度会越来越大。

珠穆朗玛峰的最新高度为8848.86米。

珠穆朗玛峰好高啊。

神秘的河流

秘鲁有条神秘的河流，叫沸腾河。河面及周围被热气笼罩，全年水温高于45℃。科学家认为，这种奇特的现象可能与地壳断裂和岩浆有关。岩浆顺着地壳的断裂处流淌，雨水渗入地下，被岩浆加热后蒸发，形成了热腾腾的蒸汽。

尼罗河是世界上最长的河流，全长达到6670千米；长江是世界第三长的河流，全长6387千米；伏尔加河是欧洲最长的河流，全长3692千米。

长江三峡是瞿塘峡、巫峡和西陵峡的总称。

原来是这样。

▲ 长江三峡

火山都是"暴脾气"

1991年6月，位于菲律宾吕宋岛上的皮纳图博火山大爆发，让世人震惊，因为在此之前，皮纳图博火山一直都被认为是一座"死火山"。看不出这座火山的"火气"还蛮大的。

喀拉喀托火山位于苏门答腊岛和爪哇岛之间。它大概是世界上脾气最"火爆"的火山，因为它在一次爆发的时候，将自己所在的岛屿炸掉了2/3，对自己简直太狠了。

有科学家认为，地球上的水最早是以水蒸气的形式存

▲ 喀拉喀托火山爆发

13

在于炽热的地心里，在随后5亿年的燃烧过程中，水蒸气随火山爆发被喷出地表，经冷却后才形成了江海湖泊。看来我们应该感谢活火山。

一些研究火山的科学家认为，火山喷发出的气体中含有黄金。比如意大利的埃特纳火山，它每天能喷发出20多千克的黄金和几千克的白银。当然，这些黄金、白银都是以气体的形式存在的。其实，对于这一化学现象，我们的老祖宗早有深刻的体会：什么荣华富贵，不过是过眼云烟而已。

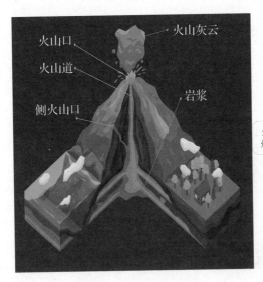

火山灰云

火山口

火山道

侧火山口

岩浆

▲ 火山结构示意图

岩浆顺着火山道，从火山口喷发出来就形成了火山喷发。

火山是怎么爆发的呢？

天主教中心梵蒂冈

　　梵蒂冈是世界上最小的国家，总面积为0.44平方千米，大约是我国首都北京面积的3/100 000。很多和梵蒂冈建立外交关系的国家的驻梵蒂冈机构都被安排在罗马境内。梵蒂冈虽然不大，但却是全世界天主教徒的朝圣圣地。

圣彼得广场建于17
世纪，花费11年的时间
建成。广场周围有2条柱
廊，柱廊的上面是140
个圣人雕像。

　　梵蒂冈博物馆是世
界上最小的国家级别的
博物馆，里面收藏了大量文艺复兴时期留下的艺术瑰宝。

世界文化遗产巨石阵

举世闻名的史前时代遗址巨石阵位于英格兰南部的威尔特郡，修建于公元前2300年左右。科学家发现，大部分巨石的摆位和太阳、月亮等天体都有着密切的关系。看来，那时的人们在吃不饱穿不暖的恶劣环境下，就已经学会如何仰望星空了。

太平洋变小了？

大西洋已经诞生了上亿年，面积还在逐年增加。而占地球表面积1/3的太平洋却在不断"缩水"。科学家认为，太平洋底部总是处在不断更新的状态，平均每2亿年就要换一次底。啥也不说了，"深深太平洋底深深伤心"。

海水为什么是咸的？

有科学家认为，最初海水并不咸，现在的海水之所以是咸的，是因为陆地上的盐分被雨水溶解，随河流汇聚到海洋中。随着时间的流逝，盐分逐渐沉积了下来。当然，也有一部分科学家坚持认为，海水从一开始就是咸的。

陆地是块大冰砖

在几十万年前的冰河时期，冰川覆盖面积达几千万平方千米，现在欧洲和美洲北部的大部分地区当时都被冰雪所覆盖。当时不分什么国家，陆地就是一块大冰砖。

最具童话风的沙滩

希腊的第一大岛——克里特岛，是欧洲人的旅游胜地。"镇岛之宝"就是那片粉红色的梦幻沙滩。它不仅是克里特岛的奇幻仙境，也是最受欧洲游客欢迎的沙滩之一。据说这片沙滩的粉色源自附在红珊瑚上的微生物。

引人注目的紫色沙滩

　　全球六大彩色沙滩之一的帕非佛沙滩有着不一样的奇妙风光。帕非佛海岸上富含紫色的石榴石矿脉。在海水的反复冲刷下，矿石逐渐被剥落、压碎，变得越来越细腻，最终形成了这片紫色的沙滩。在这里拍照简直是发朋友圈的不二选择啊。

海滩会变换形状？

尖角海滩位于克罗地亚南部，是一个狭长的海滩，形状会随着潮汐、风向和水流的变化而变化。

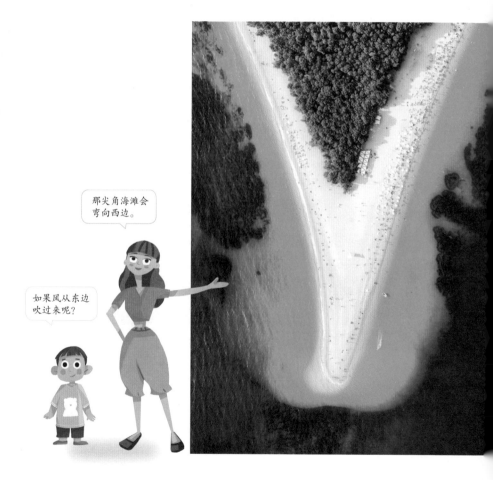

沙子会说话

美国夏威夷群岛中有一种沙子，能发出狗叫的声音，所以人们称它为"犬吠沙"。你去夏威夷旅游时，最好不要带猫，不然猫可能会被吓跑。

一直向北飞，方向会改变吗？

你可以驾驶飞机一直向正东方向飞，也可以一直向正西方向飞，但是向正南方向和正北方向却不行。如果你一直向北飞，到了北极点，再往前飞的话方向就会倒转过来，北就变成南了。东和西都没有止境，南和北却都有尽头，尽头就是南极点和北极点。

能计算时间的岩石

海里的沉积岩可用来推算时间，不过它不像日历那样以天为单位，而是以年甚至万年为单位，因为1厘米厚的沉积岩就对应着若干年。人类的历史再漫长，对应的也不过是海里的一小块沉积岩而已。

不是只有土地才能把世界连接在一起

天下大势，合久必分，分久必合。"大陆漂移说"认为，在2.9亿年前，五大洲是连接在一起的一个整体，称为盘古大陆，围绕着盘古大陆的海洋叫作泛大洋。到了21世纪，世界又逐渐重新成为一个整体，只不过靠的不是填海造田，而是智能手机。

地球的"瞳孔"——伯利兹蓝洞

从高空俯视，伯利兹城陆地上有一个深蓝色的大洞，就像地球张开了一只"眼睛",这就是著名的伯利兹蓝洞。蓝洞的直径约为400多米,洞深100多米。奇特的海底景观让蓝洞成了著名的潜水胜地。如果你在蓝洞中潜水,就相当于在地球的眼睛里潜水啊。

在冰河时期,天气骤然变冷,海平面大幅下降。因种种原因,这片陆地上形成了一个巨大的岩洞。等天气转暖,海平面上升时,海水倒灌入这个岩洞,就形成了蓝洞。

当然有了,有种类繁多的海底生物和珊瑚。

蓝洞里有生物吗?

人工群岛棕榈岛

　　大自然鬼斧神工创造的天然岛屿固然美丽，人类建造的人工群岛也不落下风。迪拜曾经花费重金打造了三座人工群岛，总称为棕榈岛。每座岛屿都包括三个部分：树干、树冠和新月形围坝，形成独特的棕榈树形状。只可惜，由于资金的问题，最终棕榈岛变成了世界上最大的"烂尾楼"。

山寨版侏罗纪公园

　　水晶宫公园位于伦敦南部的西德纳姆区，是世界上第一个主题公园。这里有世界上第一批实物大小的恐龙模型，一度是伦敦游客最多的旅游胜地，但是后来没落了。原因之一是这里的很多恐龙模型都名不副实，例如，这里的禽龙长着四条粗壮的"大象腿"，看上去就像一条臃肿的狗。当侏罗纪公园变成了"猪骡鸡"公园，那还不如看斯皮尔伯格的大片呢。

霸王龙的身长可达10多米，前肢长只有80多厘米。

霸王龙的前肢好短啊。

有些树木弯着长

波兰西部有一片森林，被称作"弯曲森林"，里面大概有400多棵松树。大部分的树向北弯曲，横向生长1~3米后，又垂直向上生长。为什么会出现这种情况，至今是个谜。

金字塔是世界未解之谜之一

一些科学家认为，金字塔是一个微波谐振腔体。微波能量的加热效应，能够杀菌并使尸体脱水。

▲ 金字塔

▲ 狮身人面像

在人们的印象中，只有埃及才有金字塔。其实，并不是这样的。墨西哥同样也有金字塔。在墨西哥的提奥提华坎[①]遗迹中，太阳金字塔是最大的建筑。在古代，它被用来祭祀太阳神。

金字塔是世界七大奇迹之一。

金字塔好壮观啊。

①墨西哥境内的古代印第安文明。

色彩斑斓的摩洛哥

摩洛哥王国的首都是拉巴特，有一种说法是拉巴特在阿拉伯语中是"捆绑"的意思。在很久以前，拉巴特只是海边的一个小村子，当时的国王将犯人、战俘捆绑起来，发配到这里做苦役。随着发配来的人越来越多，村子的规模也越来越大，最后终于发展成了一座城市。

摩洛哥由很多颜色组成，蓝色的山城舍夫沙万，红色的马拉喀什，白色的达尔贝达，金色的非斯。一定是某位神灵打翻了调色盘，才让摩洛哥变得如此多姿多彩。

日内瓦湖有被填平的危险?

专家估计，每年进入日内瓦湖的泥沙达420万立方米。按照这个速度，再过2117年，容积高达88.9亿立方米的日内瓦湖就会被填平。

日内瓦湖是旅游胜地，每年要接待数以万计的游客。

这个湖好漂亮啊。

气味电影院真的有气味

20世纪70年代，国外开发出了一种新奇的气味电影院。在影片放映的时候，随着剧情的发展，观众能闻到画面中不同景物的气味。其原理是根据影片的内容，事先将不同香料按照程序储存起来，然后在合适的时间，通过一些复杂的管道将气味释放出来。当银幕上出现牡丹时，观众就能闻到牡丹的香味，当银幕上出现大厨炒菜的画面时，观众就能闻到饭菜的气味。

为什么我们能看到电影画面在动？

电影胶片以每秒24格画面的速度匀速转动，就能让人们产生画面在动的感觉。这是因为停留在眼膜上的形象不会立即消失，换句话说，我们能够欣赏电影，得益于形象在眼膜上的滞留性。文艺青年们，不要吹毛求疵地寻找电影中的"bug"了，电影之所以存在，就是因为人类生理上的这个小"bug"。

巨幕电影的第一次亮相

在位于华盛顿的美国国家航空航天博物馆内，有一个电影厅，这个电影厅的银幕有半个正规的足球场那么大，因此被称为"巨幕电影"。而巨幕电影第一次亮相，是在1970年的日本大阪世界博览会上，放映的影片是《老虎的孩子》，当天的观众有3万人之多。

你知道什么是"镍币戏院"吗？

20世纪初，美国电影院入场券的最低售价为一枚5美分的镍币，因此这些影院被称为"镍币戏院"。虽然这些影院的票价低廉，但它们获得的利润却是极大的。这类电影院每周获得的盈利，就足够开一家新的电影院。很多电影界大佬都是靠镍币戏院起家的，例如赫赫有名的华纳兄弟。

矿石也有杀伤力

非洲的马里共和国有一种剧毒的石头，石头的形状像个鸡蛋，上半部分为蓝色，下半部分为金黄色。这些石头导致进行挖掘的地质勘探队员全部中毒而死。原来，岩浆在凝结为岩石的过程中，有一部分毒气没能挥发出去储存在石头中了。

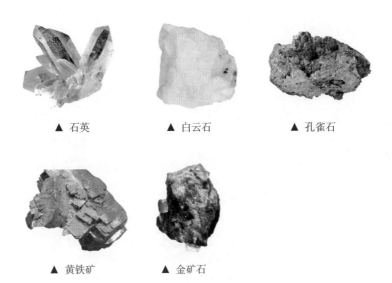

▲ 石英　　　　　　▲ 白云石　　　　　　▲ 孔雀石

▲ 黄铁矿　　　　　▲ 金矿石

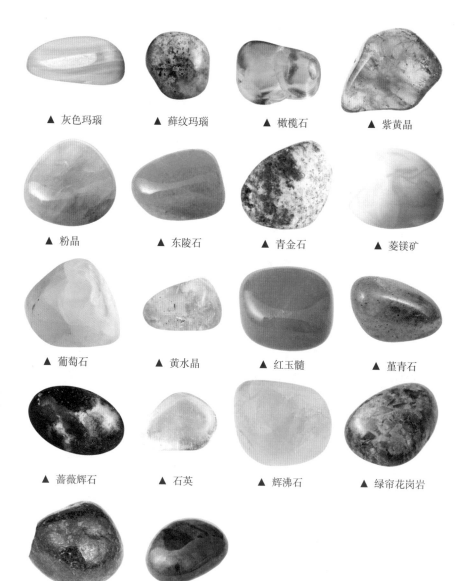

▲ 灰色玛瑙　　▲ 藓纹玛瑙　　▲ 橄榄石　　▲ 紫黄晶

▲ 粉晶　　▲ 东陵石　　▲ 青金石　　▲ 菱镁矿

▲ 葡萄石　　▲ 黄水晶　　▲ 红玉髓　　▲ 堇青石

▲ 蔷薇辉石　　▲ 石英　　▲ 辉沸石　　▲ 绿帘花岗岩

▲ 蓝铜矿　　▲ 蓝线石

铝曾经比黄金还值钱

现在铝制品在生活中随处可见。但你可能想象不到，它曾比黄金还要贵重。19世纪中叶，拿破仑特地让工匠给他打造了一顶铝制的皇冠和一套铝制的餐具，这不是为了忆苦思甜，而是为了炫富。

钉子曾经也是贵金属

在苏格兰某地有一座古罗马式的城堡。在整理这座城堡的遗迹时，考古学家发现了埋在地下的一个大木箱，木箱里面像是装着极其珍贵的物品，考古学家打开一看，里面竟然是普普通通的钉子。在青铜时代，钉子就像黄金一样珍贵，只有皇室和贵族才用得起。在那个时候，渴望"碰钉子"的人肯定多得不得了。

金属钛的发现

1795年，德国化学家克拉普罗特发现了一种名为钛的新金属，这个名字取自希腊神话中的大地女神之子"泰坦"。钛的化学性质非常稳定，耐热性好，抗腐蚀性强，即使在强酸和强碱中也能安然无恙。用钛制造的潜艇能承受很强的高压，可以在4500米深的深海中航行。

谁都害怕龙卷风

龙卷风的风速极大。据科学家计算，龙卷风的风速每秒可达上百米，能轻而易举地将陆地上的东西卷到空中。如果它掠过鱼塘，就会把那些鱼虾蟹都卷到空中。1834年5月16日，印度某村庄下了一场"鱼雨"，满地都是鱼虾泥鳅。村民们因此吃了大半年的免费海鲜，这哪里是龙卷风啊，这简直就是"活雷锋"。

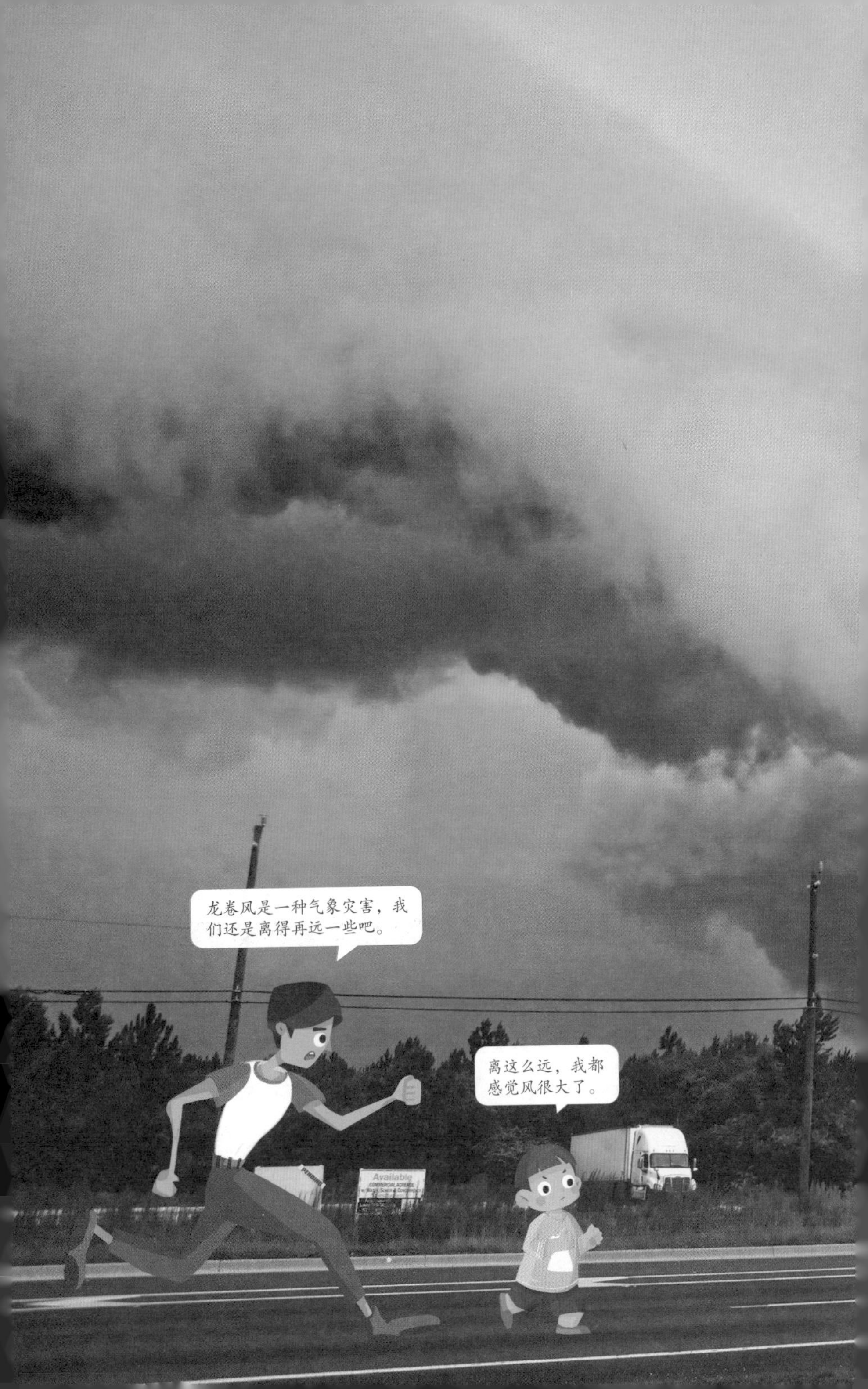
龙卷风是一种气象灾害，我们还是离得再远一些吧。
离这么远，我都感觉风很大了。

预测日食很重要

在夏朝，天文官要对日食进行详细准确的预测，如果预测的时间早于或晚于日食实际的发生时间，天文官就要被杀头。据史料记载，羲氏、和氏这俩倒霉蛋，被人诬陷因为喝大酒而报错了日食发生的时间，结果被当时的君主仲康追杀。"时日曷丧，予及汝偕亡。"这句话控诉了夏桀的暴政。

当月球运动到地球和太阳的中间，且三者处于同一条直线时，会发生日食现象。古代的神话传说中，常常将日食现象解释为天狗吃掉了太阳。

人人都爱流星雨

我国古代关于流星雨的记录有180次之多，其中约有9次天琴座流星雨，12次英仙座流星雨，7次狮子座流星雨。有首流行歌曲是这样唱的："陪你去看流星雨，落在这地球上……"看来人类从古至今都热衷于围观"交通事故"。

一闪而过的闪电

下雨时，积雨云会产生电荷，底层带有负电荷，地面则带有正电荷。异种电荷互相吸引。正负电荷借助树木、建筑物等物体相遇，形成巨大的电流，这就是闪电。闪电的温度非常高，可达2万多摄氏度。空气在高温中膨胀发

闪电有很多类型，如线状闪电、球状闪电和链状闪电等。

图里的闪电就是线状闪电。

出爆裂声，这就是我们听到的雷声。虽然闪电看起来很可怕，但是大家不用担心，因为当你看见它时，就证明它不会打中你了。

"印度黄"不人道

印度人获取黄色颜料的方法比较不人道，他们用芒果树的叶子喂母牛，这样一来母牛的尿液就会呈现出金黄色。印度人从尿液中提炼出"印度黄"，出口到欧洲。虽然用这种颜色作画很有艺术气息，但母牛的尿液泛黄是因为母牛不能消化芒果树叶而排出了胆汁。

蓝色曾是一种很贵的颜色

很久以前，蓝色的颜料是从天青石中提炼出来的，天青石是一种昂贵的矿石。在17世纪，如果你穿着蓝色的裤子或上衣请人画肖像，那么就必须额外支付一笔价格不菲的颜料费，否则，画师就有可能把你的帽子画成绿色的。

大气层的温度不稳定

在对流层，每升高1千米，温度就会下降6.5摄氏度左右。到了对流层之上，温度起初不变，然后会随着高度的增加而迅速增加；当高度达到50千米时，温度再次随高度增加而降低；而到了80千米以上，温度则又会随高度增加而升高。老天爷，你也太反复无常了。

散逸层

热　层

中间层

平流层

对流层

对，可以分为对流层、平流层、中间层、热层和散逸层。

大气层随高度不同而表现出不同的特点吗？

石头也是报时工具

在澳大利亚中部的沙漠中，有一块能够"报时"的石头，这块石头高达348米，是当地人的天然时钟。它通过早中晚不同时段里自身颜色的变化来向人们报时：旭日东升的早晨，它为棕色；烈日当空的中午，它为灰蓝色；夕阳西沉的傍晚，它为红色。

太阳能当闹钟

古代出现过一种"太阳闹钟"，其原理如下：在大炮的引火线上方设置一个凸透镜，当阳光经过透镜时会聚为一点，也就是焦点。太阳在天上移动时，焦点也随之在镜下移动。当太阳到达某个特定位置时，焦点恰好投射到引火线上，将其点燃。大炮随之轰鸣，向人们报时。

牛奶曾经也是计时工具

古埃及人曾用牛奶计时。法老在尼罗河的某个岛上建了一座庙，庙里有360名僧人，庙的中央放着360个底上有小孔的牛奶桶，每名僧人负责一个桶。每一天，都有一名僧人在桶中装满牛奶，等这桶牛奶流光，24小时便过去了。这样轮流下去，等每名僧人都轮过一遍，就过去了一年。

有玻璃之前，人们用什么当窗户？

在玻璃发明之前，为了给昏暗的屋子带来光亮，人们想了不少办法。英国人把涂蜡的白布嵌在窗户上；德国人则将薄薄的云母片安在窗户上；最彪悍的是俄国人，他们将牛膀胱的薄膜蒙在窗框上。

在古代，玻璃是非常贵重的。法国王后玛丽·德·美第奇的婚礼上，收到的最昂贵的礼物就是一面玻璃镜子。这面镜子是由威尼斯共和国赠送的，当时价值15 000法郎。在现代社会，如果人家结婚你送玻璃，对方会不高兴哦。

　　在我国，眼镜出现于明朝，由欧洲传入。当时它的名字叫叆叇（音同爱戴），这个词的本义是形容云雾浓密。真不知是哪个活宝想出这个名字的，戴眼镜是为了看得更清楚，而不是让自己云里雾里。取这个名字，你让广大消费者如何爱戴叆叇呢？

这是唐代的打马球纹铜镜。镜背上有骑士骑马打球的图案。

图案很形象呢。

新技术的发现才是最好的广告

1989年的《时代周刊》杂志，刊登了一张奇特的照片：由35个原子组成的IBM三个字母。这是美国IBM旗下的科学家借助扫描隧道显微镜用氙原子拼写成的。这个创意被公认为是全球年度最佳广告。其实，鉴于这一技术是在零下263℃的液氦环境下进行的，它应当被评为全球年度最"冷"广告。

当粮食比肉贵……

古希腊的粮食产量严重不足，肉类和乳品是当地人的主要食物来源。如果谁家能吃上小米粥、窝窝头，那肯定是贵族，而老百姓只能顿顿吃肉，这才是真正的"何不食肉糜"啊。

风筝和纸鸢的区别

风筝最早叫木鸢，是由墨子和鲁班制作而成的。到了东汉，纸张开始普及，木鸢也变了样子，改用纸糊，名字也随之变成了纸鸢。后来，人们发现以竹篾做架制成的纸鸢放入高空后，被风一吹，能发出类似古筝的声响，所以纸鸢的名字又变成了风筝。

这个是我国古代的风筝样式，现在不多见了。

我没见过这样的风筝呢。

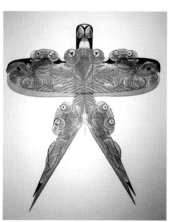

鹅毛笔的制作方法很复杂

鹅毛笔在中世纪非常盛行。俄语里的"钢笔尖"和"羽毛"是同一个词，英语里代表钢笔的"pen"是从拉丁语"penna"演变而来的，而"penna"的原意就是羽毛。据说，削好一支鹅毛笔需要花费很大的工夫，先要将羽管末端削尖、磨光，然后再割开一条缝。当时还有人专门从事"削管"这个行业，以此谋生，而如今，鹅毛笔已经成古董了。

古代的铅笔和现代的不一样

在古希腊时期，欧洲人就已经开始用铅笔写字了。起初他们手握铅棒，后来逐渐发展成把铅条夹在木棍里使用，并在外面套上名贵的皮套。考古学家曾在埃及金字塔中发现了一些圆形的铅块，也许这些奇形怪状的东西就是古埃及人使用的铅笔。

古人的书写材料

简牍是春秋战国时期发明的书写材料，"简"为竹片，"牍"是木片。一片竹简一般只能写几十个字。据史书记载，秦始皇每天批阅的简牍重达几十千克。战国时的著名学者惠施外出游学时，曾用五辆牛车装载竹简，这就是"学富五车"的来历。其实，换算成现在的图书载体，这五车竹书的字数并没有多少。现代人要想夸耀自己看书多，不应该用学富五车这个词，看的书能装满5个平板电脑才算厉害。

有一段时期，我们的老祖先是在竹子和木片上写文章

的，即竹简和版牍。人们在写字的时候，要随时准备一把刀，一旦写错了，就要削掉重写。直到现在，人们还把修改文章称作删削。

在西汉初期，出现了一种用丝绵做成的薄纸。人们把蚕茧煮过后，将其放在竹席上，再把竹席浸泡在河水中，让河水把丝绵冲烂。等席子晒干了，就会出现一张张薄薄的丝绵片，将其剥下来就能在上面写字了。这种丝绵纸被称为"赫蹄"。这哪像纸的名字啊，怎么听都像菜名，不过纸也不是不能入菜，比如新闻中曾报道过的"纸馅包子"。

纸草的用处

盛产于尼罗河三角洲一带的纸草是一种类似芦苇的植物。古埃及人将纸草切成长度适中的小段，然后把它们剖开压平，排列整齐，晒干后就能当纸用。古埃及人用芦苇秆当笔，蘸油菜汁调成的墨书写文字。古埃及有位著名的抄写家叫阿摩斯，他曾在纸草做成的纸上抄写过一篇霸气外露的数学论文叫《揭露事物一切奥秘之指南》，简称

《揭露一切》。

写在树叶上的佛经

古印度的文字大多书写在贝多罗树的树皮上，只有极少数刻在石头或竹片上。唐玄奘从古印度取回的佛经，就是写在贝多罗树树皮和树叶上的。也许在某一天，你在路边摊吃板面，会发现一次性筷子上写满了梵文。

印度的棉花历史悠久

古印度人是棉花的最早种植者，在哈拉巴文化时期的遗址中，就曾出土过一些棉布残片，他们还学会了给棉布染色的技术。在孔雀王朝时期，棉纺织业非常发达，出产的棉花质量奇佳，被称为"卫生棉"。

盾和牌

　　盾是一种防御性武器，古人称其为"干"。陶渊明在一首歌颂刑天（《山海经》里的神话人物）的诗中写道："刑天舞干戚，猛志固常在。"到了宋朝，盾被正式称为"牌"，后来的明、清两朝一直沿袭宋朝的叫法，称牌而不称盾。

漂亮又结实的盾格外受欢迎。

这些盾好漂亮啊。

没有好身体，穿不了重盔甲

　　古代的盔甲很沉，宋代时步兵铁甲约25千克重，明代的铁甲连头盔一共重28.5千克，再加上武器和其他装备，一个士兵的负重可达40千克。

　　据《通典》记载，唐朝60%的步兵都装备有铠甲，这种铠甲的前后两部分用带子联扣，腰带下摆有两片很大的膝裙，膝裙上面叠缀着几排方形的甲片，又被称为步兵甲。据说宋朝的步人甲就是由这种铠甲发展来的。

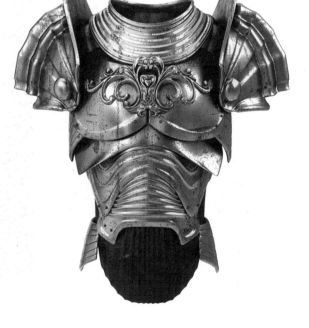

喝啤酒可能会被抓起来

公元前2000年左右，中东地区就已经出现了啤酒。《汉谟拉比法典》中有详细的记载："如果犯人出现在啤酒屋，但是店主没有报官府，店主就要被判处死刑；出家人到啤酒店喝酒，要被处以火刑。"活在那个时代，喝杯啤酒都这么刺激。

《汉谟拉比法典》是世界上第一部成文法典。

它刻在一根高2.25米的黑色石柱上。

喝汽水为什么让人感觉凉快？

在中国，汽水最早出现在清朝同治年间的西餐馆里。由于那家餐馆的老板是荷兰人，因此人们就把汽水叫作"荷兰水"。汽水消暑的原理很简单：二氧化碳到了胃里后，由于不被吸收，于是很快便从胃液中分离出来，经口腔排出体外，同时带走了人体内的热量，从而让饮者产生清凉之感。

古代的蜡烛可以食用

古时候的蜡烛是用脂肪、油和蜡制成的。这些脂肪和油都是可食用的，据说到了19世纪初期，特里尼蒂家族的长老还在担心灯塔蜡烛的高消耗量。当粮食紧缺时，人们就会用蜡烛充饥。估计味道好不到哪儿去，因为这不是味同嚼蜡，这嚼的就是货真价实的蜡啊。

金丹不能随便乱吃

唐朝有五位皇帝因为服金丹而死，他们是唐太宗、唐宪宗、唐穆宗、唐武宗和唐宣宗。虽然吞服金丹成仙是不靠谱的，但是那些炼丹术士在炼丹的过程中，亲自采集矿物和药物，进行了大量实验，积累了很多宝贵的化学知识。

十二星座的由来

在占星学上，每个星座在不同人身上体现出的特质都不同，每个人都有自己独特的命运。

古巴比伦人以春分点作为开始，将黄道每隔30度划为一宫，并且根据星座的形状取了相应的名字。后来，古希腊人又对其进行了若干改动，这才形成了今天的十二宫星座（白羊、金牛、双子、巨蟹、狮子、处女、天秤、天蝎、射手、摩

星座能预言我的命运吗？

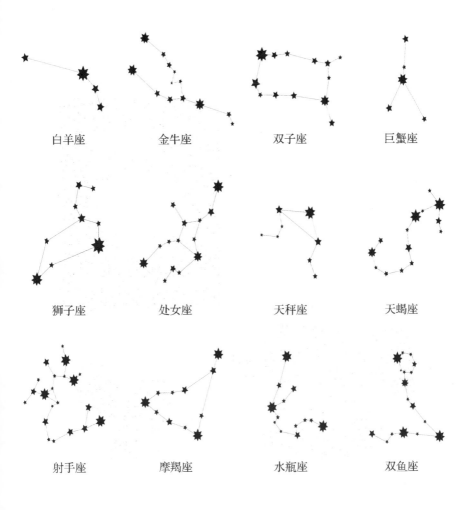

白羊座　　　　金牛座　　　　双子座　　　　巨蟹座

狮子座　　　　处女座　　　　天秤座　　　　天蝎座

射手座　　　　摩羯座　　　　水瓶座　　　　双鱼座

羯、水瓶、双鱼）。在这些星座中，有人有物也有兽，还有半兽人（射手），但由于动物类星座占了大多数，因此十二宫也被称作"兽带"。

古代人都爱戴"高帽子"

古代人是名副其实地喜欢戴高帽子，儒生戴的"进贤冠"高三寸[1]，太子戴的"远游冠"高八寸[2]，最牛的是皇帝戴的帽子，号称"通天冠"，高一尺[3]左右。其实吧，帽不在高，有心则灵。

▲ 古代官帽

[1] 三寸约 10 厘米。
[2] 八寸约 27 厘米。
[3] 一尺约 34 厘米。

原来"窃听器"是中国发明的

《墨子》一书中记载了一种名为"听瓮"的物件，是一种肚大口小的陶器。人们将它埋在地下，然后在瓮口蒙上一层薄薄的皮革，这样伏在上面就能听到方圆数十里的动静。这大概算是世界上最早的窃听器了吧？

铸剑不是件容易事

越王勾践有铸剑的嗜好。《拾遗记》①记载："（勾践）采金铸之以成八剑之精，一名掩日，二名断水，三名转魄，四名悬翦，五名惊鲵，六名灭魄，七名却邪，八名真刚。"1965年，考古工作者在发掘湖北江陵楚墓时，发现了一把长55.7厘米、宽4.6厘米的宝剑。剑身上刻有"越王勾践自作用剑"八个错金鸟篆体铭文。这把剑虽然在地下埋了2000多年，但是在出土时依然闪闪发光，甚至一点锈迹都找不到。

――――――

① 东晋王嘉编写的古代中国神话志怪小说集，共10卷。

战国时期，铁器制造业得到了很大的发展。那时候铸造的铁剑长度是青铜剑的3倍，有的甚至长达1.4米。荆轲行刺秦王的时候，秦王就是因为随身佩带的宝剑太长，拔不出鞘，差点丢了性命。

战马也需要全身武装

南北朝时期出现了重甲骑兵，不光士兵是全副武装，就连战马也武装到了牙齿。保护马头的叫"面帘"，保护马脖子的叫"鸡颈"，保护马胸的叫"当胸"，保护马躯干的叫"马身甲"，保护马

这是全副武装的战马和普通战马的对比。

臀的叫"搭后"，竖在尾上的叫"寄生"。那时候的战马除了眼睛、耳朵、鼻子、嘴以外，全身都有铠甲的保护。

神奇的摩尔斯电码

1906年，国际无线电会议一致通过将SOS作为国际统一的求救信号。只要用摩尔斯电码拍发"SOS"这三个字母，收到信号的人就会赶来援助。之所以如此，是因为这三个字母用摩尔斯电码拍发时是三短三长三短，既有节奏，又能连续拍发，容易引起人们的警觉。

东西方的龙不一样

考古学家所称的"龙骨"，实际上是指古代哺乳动物的化石。中国人认为，龙是地位尊崇的象征，什么"真龙天子""龙袍""龙椅""龙种"，这些词都是中国人发明的。西方人则认为龙是邪恶的象征。

▲ 东方龙　　　　　　　　　　　　　▲ 西方龙

区别很大。最直观的区别是
西方龙有一对大大的翅膀。

这两种龙有什么
不一样吗？

婆罗门早就是地产大亨了

婆罗门是古印度的祭祀阶级，拥有许多特权。其他阶级的人都要向婆罗门赠送礼物，以获得婆罗门对他们来世的许诺。在五花八门的礼物中，婆罗门最喜欢土地，并将赠送土地的福报定为最高等级，由此，婆罗门获得了大片土地。

马可·波罗曾错过一个商机

马可·波罗在中国游历了17年，他遍访各地，并对所到之处的资源做了详细的记载。有一回，他在日志上写道："有一种从山里挖掘出来的黑石头，可以像木头那样燃烧。"这哪里是黑石头，明明是煤嘛。如果马可·波罗知道煤的巨大价值，肯定能成为当时风头最劲的"煤老板"。

钟声也是一种惩罚

在中世纪，有一种名为"钟下刑"的酷刑，其原理是利用钟声来刺激受刑者，令其逐渐死亡。

鸡蛋如何竖起来？

哥伦布竖鸡蛋的故事可谓家喻户晓。受故事影响，大多数人认为鸡蛋只有被磕破才能竖起来，其实这个观点是错误的。鸡蛋之所以难竖，是因为鸡蛋中蛋黄的密度小于蛋白的密度，因此重心偏上，如果有耐心，想办法让鸡蛋的重心下移，那么谁都能把鸡蛋竖起来。

胡椒居然比黄金还贵

在中世纪的欧洲，"他没有胡椒"这句话用来形容那些无足轻重的小人物。那个时候的胡椒，比现在的金子还贵重，是财富的象征。那会儿结婚的时候，丈母娘不会问你有几套房子，而是问你有多少磅胡椒。

发电方式花样多

　　发电有多种方式：蒸汽经过汽轮机，汽轮机转动起来，带动发电机发电；水从拦河坝上通过水管冲下来，用水轮机带动发电机发电；风吹动风车，风车带动发电机发电……火力发电、水力发电、风力发电、核能发电都是常用的发电手段。

▲ 水力发电

海浪可以用来发电，有专家计算过，一个波高2米的海浪至少能产生2千瓦的电力，一个波高3米的海浪，则能提供30 000千瓦的电力。

▲ 风力发电

我们使用的电来之不易，我们要怎么做呢？

节约用电。

▲ 火力发电

鸡在战争中立了功

海湾战争期间，多国部队为了防备伊拉克军队的化学武器，除了准备大量的化学侦测和报警器材外，还准备了大量的鸡，因为鸡对有害气体极为敏感，可以起到"哨兵"的作用。动物真是太伟大了。

海蜇会伤人

人被海蜇蜇伤后，会有灼痛感，并且皮肤上会出现线条状的红斑，被称为"鞭伤"。所以你在大海里游泳时，小心别被海蜇蜇伤。

体重对机器人也很重要

按照动力学的方法，可依据重量将机器人分为三类：低于5千克（一只手所能移动的重量）算一类；5~40千克（双手能移动的重量）算一类；40千克以上（需要好几个人才能移动的重量）算一类。也就是说，越重的机器人越有优势。

白糖不仅是调料，还是建筑材料

厨房里的白糖，除了能用来凉拌西红柿，还可以用来搅拌水泥。听起来挺不可思议的，事实的确如此。正常情况下，工地上的水泥放置一段时间就会逐渐凝固。但在水泥未完全凝固之前，撒上白糖，可以有效阻止水化硅酸钙的形成，这样可以有效延缓水泥的凝固。

夏天穿长袍并不热

有专家曾做过实验，发现人在沙漠中行走时，穿轻薄的长袍比全身裸露所吸收的热量要少55%。阿拉伯人之所以喜欢在高温下穿长袍，原因之一是长袍宽松，不但能减少外界进入身体的热量，还能让长袍中的空气顺畅流通，从而起到降温的作用。

用神学解释化石存在的意义

16世纪，欧洲大兴土木，人们从地下挖出很多奇怪的东西，它们有的像贝壳，有的像鱼骨，还有的像巨人。用现在的眼光来看，这些"奇怪的东西"其实就是化石，但当时的统治者是这样解释的：这些东西是诺亚大洪水后埋入地下的动植物，神用土制造了它们，却忘了给它们注入生命。这也太不靠谱了，还不如说是因为它们看了美杜莎的眼睛变成了石头。

不会的，现在人类死后都要火化了。

我们死后也会变成化石吗？

天上掉下个大铁块

人类最早发现的铁是从天上掉下来的，被称为"天石"或"天降之火"。这种铁除了含有少量的镍之外，其余成分都是铁。也许当时的人们会抱怨老天爷，没事儿扔个大铁疙瘩下来干吗，但从人类文明进化的角度来看，天上掉铁块比天上掉馅饼更有意义。

石英电子表为什么很准时？

石英电子手表里有一种水晶振子，它的振动频率为32 768赫兹。有些高频石英表的水晶振子振动频率甚至能达到4 194 304赫兹，也就是1秒钟振动400多万次。这种高频石英表走上一年，误差最多只有3秒。害怕约会迟到的人有福了，有了这种带有"水晶振子"的手表，就可以放心地去赴"水晶之约"了。

不动也是动

根据布朗运动理论，所有物质的分子都处于不断运动中。这下那些不爱运动的人找到了借口：谁说我不锻炼？我身体中的分子每时每刻都在做运动。

佛像竟然流泪了

1987年夏天，越南塔瓦寺里的一尊神像竟然流出了一串串眼泪。后经专家研究发现，这尊神像竟然是真身，具有完整的骨骼和皮肤。当时的人们在尸体中灌满石灰，并在表面涂上厚漆，以供人瞻仰。随着时间的流逝，尸体的防腐措施渐渐失去作用，脑髓和内脏开始腐烂，这才导致腐水从神像的眼眶流出。

女巫真的会魔法吗？

一些女巫声称自己受太阳教支配，不怕火烧，她们能够把手指伸进油灯的火焰里而毫发无伤。其秘诀在于：先把半盎司①的樟脑和两盎司的烧酒融合，然后加入一盎司的水银和液态安息香，最后将这种混合物涂抹在自己的手指上，晾干后就不怕火烧了。唉，有这手艺还当什么女巫啊，去拍防晒广告多好。

口罩在什么年代都有用

14世纪时，传染病在欧洲时有发生，由于当时的医疗水平较低，很多得了病的人都不找医生，而是找一些巫婆神汉来念咒语。那个时候的医生势单力薄，出门行医是冒着生命危险的，因为他们随时会遭到巫婆神汉等"同行"的毒打。为了让竞争对手认不出自己，医生们就用纱布遮住自己的鼻子和嘴巴，这就是医用口罩的前身。

---

①1 盎司为 28.350 克。

古印度的医生是 "天选之子"

　　古印度的医生都是由僧侣兼任的，因为那时候的人认为只有僧侣最接近神，因此只有他们有资格为众生解除病痛。就算僧侣的医术不济，导致病人不治身亡，他也能超度死者的亡魂。

法老真是太有钱了

　　在古埃及法老的陵墓中，最引人注目的当属法老们的棺椁。有些棺椁的外面四层涂着金粉，里面是一套精致的石棺，石棺之内又有三层镶嵌着黄金的棺材，而最内一层的棺材全部由黄金制成。此外，木乃伊头上还戴着黄金制成的面具。

氧气会消失吗？

英国物理学家凯尔文曾说："随着人口的增加和工业的发展，500年后，地球上的氧气就会消耗光，而二氧化碳则会越来越多。"这个观点有点杞人忧天了，植物在进行光合作用的时候，会吸收大量二氧化碳，释放出氧气。此外，石头也会从空气中吸收大量的二氧化碳。据科学家分析，通过岩石的风化作用，每年可消耗5亿~20亿吨二氧化碳。

你会钻木取火吗？

居住在海南岛的黎族老百姓，有一项独特的钻木取火技艺，这项技艺被列为国家非物质文化遗产。其具体方法为：折一根山麻木，将它弄成扁平状，在上面挖一个凹坑，再在凹坑边上刻一条浅浅的缺槽，然后用两只脚踩住山麻木板，取一根山麻细枝作为取火棍，将它插进凹坑内，双手用力搓动，随着取火棍子的快速旋转，就能摩擦出火花。

在人工取火发明之前，原始人只能依靠闪电来获得火种，如果那时候有祭祀，他们参拜的多半是雷震子之类的人物。

衣服的起源

现代人对穿着都比较讲究，动不动就西服革履。其实西服的前身是法国渔民穿的一种服饰，这种服饰是敞领，而且扣子比较少，因此比较方便捕鱼。有个叫菲利普的贵族子弟在海边度假时，发现了这种新奇的服饰，回去后对其进行了一番改造，于是，西服就诞生了。

早年西方女性的泳衣被称为女子标准游泳服：上身是一件紧身衬衫，下面是条灯笼裤。穿成这样去游泳，不仅难看，还很累赘。

水兵帽上的两根飘带，最初是为了纪念英国海军著名将领纳尔逊的。他曾率领英国海军于1805年一举歼灭了法国-西班牙联合舰队的22艘战舰，巩固了英国海上霸主的地位。不幸的是，纳尔逊在这场战斗中因受重伤而死。

为了悼念他，英国政府决定在举丧期间，全体水兵都在帽子后缀上两条黑布带。水兵们发现，缀上两条飘带后自己对风向变得格外敏感，于是在丧期过后，仍然保留了缀飘带的习惯。纳尔逊对海军的贡献真不小。

关于领带的起源，有一种说法是，16世纪法国的一队骑兵为了标新立异，每个人都在脖子上系上一条红布条。马蹄声阵阵，红布迎风飘动，让围观的年轻人分外羡慕，于是他们就照葫芦画瓢，在自己脖子上也系上红布条，这就是最初的领带。从实用性的角度来看，领带完全是多余的东西，但它却是男性的装腔利器。最初，系领带是王公贵族的特权，普通老百姓是不允许系领带的，否则就要被抓起来问罪。

古代服饰
参考图

更大的望远镜才能看到更远的星空

　　帕瑞纳天文台是世界上最先进的天文台之一，位于智利的安托法加斯塔市。它的构造极为复杂，有四个巨大的望远镜，重达数百吨，可以看到月球表面上蜡烛般大小的火光。人类太向往星空了，居然发明了如此复杂的机器来遥望星空。

水的最高温度是100 ℃

水加热到100 ℃后，即使继续加热，温度也不会超过100 ℃，因为增加的热能已经转变为了潜热。

距离不一定会产生美

根据平方反比定律的描述，如果质子和电子之间的距离加倍，那么两者之间的电引力就降低为原来的1/4；如果两者之间的距离是原来的3倍，电引力就会降低到原先的1/9。这从物理学上印证了某位小品演员说的那句话："距离是有了，美没了。"因为离得太远，就不来"电"了。

咖啡也有黑历史

咖啡于17世纪传到欧洲，被当时的人视为一种毒药，认为喝了会死人。瑞典国王古斯塔夫三世为此做过一

个实验，他找来一个死囚，决定用喂咖啡代替死刑，于是
让这个死囚每天喝3杯咖啡。死囚如果没死，第二天就继
续喝。结果，这个死囚每天都喝咖啡，一不小心活到了80
多岁。

妇女节的由来

1909年3月8日，芝加哥女工为争取自己的利益，
举行大规模罢工游行，迅速得到全国各地妇女的响应。
后来，3月8日被定为"国际劳动妇女节"。芝加哥女工
威武！

尼斯湖水怪是假的

掀起尼斯湖水怪风暴的是1933年5月2日发表在《无
袖斗篷信使报》上的一篇文章，文章记叙了当地的一位商
人约翰·马凯目睹水怪在湖中戏水的情景。而约翰·马凯
正是湖边一家旅馆的老板，你懂的。

2012年人类没有灭亡

　　玛雅人发明了赫赫有名的长历法。在这个历法中，5125.37年是一个轮回，它最初的计算时间可以追溯到公元前3114年8月11日。按照这个算法，公元2012年的冬至这一天，是一个轮回的结束。经过玛雅文化专家安东尼·阿维尼教授等人的考证，玛雅人的长历法只不过是一个计时系统，和每年的元旦是新的一年的开始一个道理。过完2012年冬至这一天，玛雅长历法将开始一个新的轮回，正如一首歌曲唱的那样："看成败，人生豪迈，只不过是从头再来。"

会变色的气象水泥

　　有一种"气象水泥"，是在白水泥里加入二氯化钴和某种颜料后制造出来的。当空气干燥时，它呈蓝色；当空气潮湿即将下雨时，它因吸收了水汽而呈紫色；大雨瓢泼时，它由于吸收了大量水分而呈现出鲜艳的红色。

细菌才是人类的祖先？

很多科学家都认为，地球之所以会出现生命，是由于池塘湖泊的大量出现。原始水域充满了细菌，就像一碗富含营养的"浓汤"，通过一系列的化学反应，这些细菌从相对简单的有机化合物变成了越来越复杂的分子，最终导致了生命的诞生。

细菌虽小，胃口却很大

细菌虽然体积微小，但它们的"食谱"却非常丰富，包括纤维素、淀粉、麦芽糖、葡萄糖、有机酸、蛋白质等。还有一些酵母菌甚至喜欢吃石油。

细菌和病毒的区别

细菌和病毒最本质的区别在于细菌有相对完整的细胞结构，而病毒是没有细胞结构的。对人类来说，细菌的存在有好处也有坏处，而病毒基本都是对人体有害的。

接种牛痘可以预防天花

　　自从人类发现牛痘后，天花这种病就逐渐消失了。1980年，世界卫生组织宣布天花已经在地球上绝迹。此外，该组织还设立了一项1000美元的悬赏，凡是能发现天花患者的人，都能获得这笔奖金。但是，这笔奖金至今无人领取。

治疗疟疾的良药

在我国民间，人们管疟疾叫"打摆子"，欧洲人则正式称呼它为"疟疾"。据传，当年西班牙殖民地秘鲁总督的夫人埃娜，在当地染上了疟疾，眼看就要死了。幸亏当地人采来一种神奇的树皮（金鸡纳树树皮），让她煎汤服下，她这才捡回一条命。

微生物也有自己的个性

微生物按照呼吸方式来划分，可以分为好氧型、厌氧型以及兼性厌氧型三大类。好氧型微生物只能在有氧气的环境中生存，厌氧型微生物只能在无氧的环境下生存，兼性厌氧型在有氧或无氧的环境中都能生存。而无论哪个国家、哪种肤色的人，都只能在有氧的环境下生存。从这个角度看，人类不是灵长目人科动物，不是哺乳纲脊椎动物，不是万物之灵，而是"好氧型动物"。

有些微生物在干燥、缺氧、避光等特定条件下会进入休眠状态。1983年，埃及的考古专家在开罗南部的某个墓穴里找到了一些干酪片，经检测，他们惊讶地发现这些距今2000多年的食物中，竟然含有活的发酵菌。真没想到，这些细菌已经昏睡了2000多年。

大肠杆菌其实并不脏

大肠杆菌大多混杂在人类或动物的粪便中。乍一听，会让人有不洁之感，但其实它并不是一种肮脏的细菌。大多数大肠杆菌都没有毒性，还能帮助人体合成多种维生素和氨基酸。人们还能利用"遗传因子"的重组技术，通过大肠杆菌制造出胰岛素、干扰素、乙肝疫苗等多种药物。

大肠杆菌是短杆菌，两端呈钝圆形，多数长有菌毛。

个别的呈球杆状和长丝状。

真菌是昆虫的克星

大约有500种真菌能够让昆虫得病。在昆虫所患的疾病中，有60%都是真菌造成的。例如，有一种白僵菌能够让松毛虫、大豆食心虫、玉米螟、甘蔗象鼻虫等200多种昆虫在短短几天内死亡。这不是植物大战僵尸，也不是昆虫大战"僵菌"，这是生化危机。

马铃薯也会遇到"瘟疫"

1845年，一种致命的霉菌导致欧洲大量马铃薯腐烂。当时，马铃薯是欧洲人的主要粮食，这场"马铃薯瘟疫"使得北爱尔兰800万居民处于饥荒状态，100万人丧生。

胰腺癌的癌细胞寿命相当长

胰腺癌极具侵略性，短时间内就能致死。但美国科学家却于2011年提出了另一番见解，称胰腺癌的癌细胞在发生病变的10年前就出现了，而从开始病变到致命，也需要5年的时间。

发现地也能成为细菌的名字

20世纪，德国人贝尔林耐在苏云金地区一家工厂的面粉中发现淀粉螟，并从它的身体里分离出来一种微生物，这种微生物能起到杀虫除害的功效。后来，贝尔林耐根据这种细菌的发现地名称，将它命名为"苏云金杆菌"。

第二章

人体的秘密

生命离不开复制和变异

美国天文学家卡尔·萨根将生命定义为"任何具有复制、变异能力的系统"。人类"制造"一个孩子需要一年左右的时间，而一台复印机在一分钟内就能复制很多张材料，但人类才是高等生物，因为除了复制以外，生命还需要变异。

DNA是生命存在的证据

人们一开始将氨基酸视为生命存在的依据，认为只要火星上有氨基酸，就会有生命。后来人们意识到，DNA才是生命存在的铁证。DNA不仅能判断火星人是否存在，还能判断火星人和人类是否有亲戚关系，因为用DNA进行亲子鉴定，准确率可达99.99%。

DNA的长度

如果将细胞中的DNA分子拉直，其长度可达2米，而人体内大约有10万亿个细胞，接起来就有200亿千米长，这个长度远远大于从地球到冥王星的距离。幸亏上帝这位"理发师"没有把DNA分子"拉直"，而是将它"烫卷"了。

DNA是呈双螺旋结构排列的。

?

DNA的形状很奇怪哦。

奇妙的染色体

人类有23对染色体，其中有22对是无性别差异的，被称为常染色体，此外，还存在一对性染色体。女人的一对性染色体形态相同，被称为X染色体；男人的一对性染色体形态有差异，一个是X染色体，另一个是Y染色体。也就是说，染色体XX表现为女性，XY表现为男性。

美国遗传学家摩尔根通过果蝇杂交实验，发现了染色体在遗传中的作用，最终获得了诺贝尔生理学或医学奖。

胚胎发育成生命

在胚胎时期，人只是一个单细胞，这个细胞先一分为二，两个细胞都将属于自己的那份DNA拷贝了过来，然后再按照4、8、16等倍数分裂，直到达到1000万亿的数量。也就是说，DNA必须要拷贝1000万亿份"资料"，这可真是个大工程。

胚泡植入子宫内膜后，细胞不断分裂和分化，最终变成两部分。一部分是胎儿，另一部分是羊膜、胎盘和脐带等。这样，胎儿就能通过胎盘和妈妈共享营养了。

生命学家认为，人类的原始胚胎细胞最多只能分裂50次，在接近这个数字时，人类就会步入死亡。如今，人类寿命的极限是150年，不过通过基因改造，人类寿命有望大大提高。

在胚胎的内部器官中，肺是最后一个成型的，也是最后一个具备器官功能的。

坚硬的骨骼

在儿童时期，人类的骨头有217块或218块。随着年龄的增长，部分骨头会合并。成年后，人就只有206块骨头了。

骨骼就是人体的框架，保护柔软脏器不会受到外力的伤害。

人的脊椎包括24块椎骨，在胚胎时期，它是人身体上最坚硬的部分。

股骨，也就是大腿骨，是人体最大、最坚硬的骨头。镫骨则是人体最小的骨头，它藏在耳朵里，只有2.6~3.4毫米长。

关节是骨与骨之间的连接部位。有了关节，我们才可以活动身体。

舌骨位于舌头根部，通过几块肌肉和喉头相连，它们通

▲ 骨骼侧面

▲ 头骨

▲ 肋骨

▲ 指骨

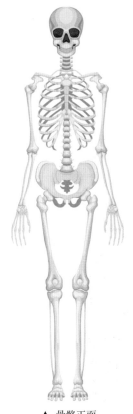

过提升和下降喉头，让人得以连贯地说出完整的句子。由此，舌骨被人们称为"说话的骨头"。

▲ 骨骼正面

▲ 足骨

▲ 脊椎骨

▲ 髋骨

强大的肌肉

　　人体肌肉大概有600多块，主要分为三种：骨骼肌、心肌和平滑肌。骨骼肌负责人体运动，心肌保护心脏，平滑肌则构成了内脏和血管。

　　人体最长的肌肉是缝匠肌，简单来说，它就是细长的大腿肌肉，负责腿部弯曲的工作；最短的横纹肌是镫骨肌，负责减弱外部传入的声波，保护内耳；最努力的肌肉则是心脏，在人的一生中，心脏跳动次数超过36亿次。

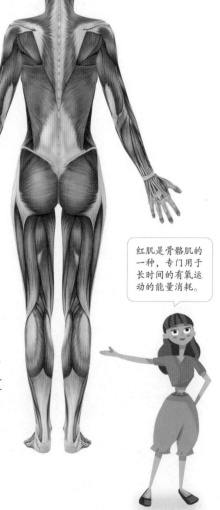

红肌是骨骼肌的一种，专门用于长时间的有氧运动的能量消耗。

复杂的神经系统

人体的中枢神经系统由脑和脊髓组成。脑位于颅腔内，脊髓位于椎管内。

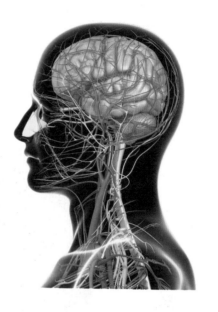

有个传播已久的谣言"人类的大脑中一共有140亿个神经细胞，经常使用的却只有10多亿个，普通人的大脑只开发了大约10%"。不少人听完立马激动了，"我要开发大脑""我要从普通人变成天才"，然后就加入各种脑力开发活动。其实，早在2009年，科学界就已经更新了数据，人类的大脑中有860亿个神经细胞。人类的每一个行为，哪怕是在发呆的时候，他的大脑都在高速运转中。更何况在自然界残酷的进化过程中，大脑中没用的地方就是浪费，早就被淘汰了。

人在睡眠的时候，大脑并没有停止工作。它会对白天接收的信息进行整理分类，留下有用的资料，抛弃过时和无用的资料。看来人类的大脑是24小时"营业"的，并且是完全免费的。不过为了能让它更长久地运转下去，我们还是多给它增加一些营养吧。

当然了，大脑可是神经系统的最高级器官。

大脑的神经好复杂啊。

褶皱的大脑皮层

大脑皮层是大脑最重要的组成部分，将它全部展开，其总面积相当于两张报纸那么大。100个人的大脑皮层加起来，就相当于一个宽敞的两居室啊。

人类的大脑皮层比橘子皮还要薄，只有2~4毫米厚，并且布满了褶皱。越聪明的动物大脑皮层的褶皱就越多，皮质面积也越大。那么，爱因斯坦的大脑皮质面积想必是全人类之首。

人科动物的大脑在250万年前开始增大，大脑皮层逐渐扩张，很快就超出猿猴4倍之多。

大脑皮层会调节机体的体温。人在冷或热的环境中，机体受到的刺激传入神经，大脑皮层根据收到的信息做出反应，多次反复形成条件反射，最终使机体的温度适应环境。

人脑是不会被取代的

大多数科学家都认同这个观点：即使是最先进的计算机也比不上人类的大脑。在数学运算、资料搜索、下国际象棋等方面，计算机能够胜过人类，但进行写诗、作曲等创造性活动时，计算机就比不上人类了。

机能主义心理学认为，精神的本质要素不是构成大脑的物质，而是大脑中的"程序"。他们否认精神是人类所独有的，认为机器也有思想和感觉。这种想法其实挺可怕的。

肝脏竟然能再生

肝脏是人体最大的脏器，重量为1~2千克。它有很多功能，最主要的功能是代谢和解毒。外部摄入或人体产生的有毒物质，经过肝脏的过滤、分解，变成无毒物质和难以溶解的物质。无毒物质被人体吸收，难以溶解的物质被排出体外。熬夜会影响肝脏的功能，大家最好不要当"夜猫子"。

肝脏是唯一能够再生的内脏，哪怕被切除一部分，它也能自动恢复成原来的样子。

　　产生胆汁的器官不是胆囊，而是肝脏。每24小时肝脏就会产生出1千克的胆汁。胆汁通过肝管流入胆囊内被存储起来。

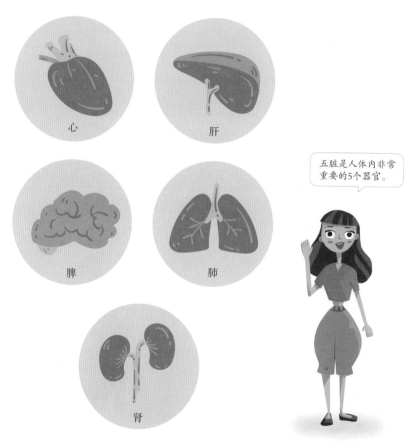

心

肝

脾

肺

肾

五脏是人体内非常重要的5个器官。

呼吸也是个大工程

　　呼吸系统包括鼻、咽、喉、气管、支气管、肺及胸膜等组织。空气从鼻子进入人体，在鼻腔内被清洁和润湿后，先后经过咽、喉和气管，被送入肺部。在肺部，空气中的氧气被分离出来进入血液，而血液中的二氧化碳则进入肺部，通过人体"通风管"排出体外。

　　人们曾经认为肺只是呼吸器官，骨髓才是唯一的造血器官。但是，美国加州大学最新的研究表明，肺同样也是造血器官，

由于心脏在左边，所以左肺会比右肺小一些。

左右肺部好像不一样大？

肺部

心脏

它承担了制造血小板的工作。

肺部的支气管很多，呈树枝状分布，因此肺部的支气管也叫支气管树。

体温是身体的晴雨表

生理学家马特·克鲁格认为，动物发热是针对感染的防御性反应，在整个动物界已存在了亿万年之久。他还举了冷血蜥蜴的例子：当蜥蜴感染病毒时，它会找一个温暖的地方，让自己的体温升高2℃左右。它如果找不到这样一个地方，那么多半会死去。

根据科学研究，当人体的直肠温度超过39℃时，身体机能就会紊乱；超过40.5℃，身体的循环系统就会丧失功能；超过42℃，人就会死亡。

血型可以变化

在特定的情况下，血型是可以改变的。1972年，英国的科学家采用一种特制的血细胞分离器，成功地将O型血变成了B型血。当然，这种改变血型的方法并没有被广泛应用。

根据血型遗传规律，小豆应该是什么血型呀？

我是A型血，爸爸是O型血。

嗯……那我应该是O型血或A型血。

父亲血型	母亲血型	孩子可能的血型
O	O	O
O	A	O/A
O	B	O/B
O	AB	A/B
A	A	O/A
A	B	A/B/O/AB
A	AB	A/B/AB
B	B	O/B
B	AB	A/B/AB
AB	AB	A/B/AB

其实你并不熟悉自己的声音

你将自己的声音录下来，再播给自己听时，会觉得声音非常陌生。这是因为一个人的声音，除了通过空气振动传到自己的耳朵里，还能通过颅骨传给由神经支配的螺旋器。我们听惯了"气传导"和"骨传导"混合的声音，乍一听纯粹的"气传导"声音，难免会感到陌生。

人类的寿命越来越长

人类的平均寿命在不断提高，青铜时代是10多岁，中世纪是30多岁，19世纪中叶为40多岁，20世纪中叶是60多岁，20世纪70年代以后，很多国家公民的平均寿命为70多岁。

身体的声音可能是你生病的信号

当人体患有不同的疾病时，人体内会发出不同的声响。比如由于心脏的异常跳动，冠心病患者体内经常发出野马奔驰般的马蹄声。这种声音在临床上被称为奔马律。

佛教的舍利可以用科学解释

据佛经记载，释迦牟尼在火化之后，共得到84 000颗舍利子。一些科学家对此做出了"解释"：佛门高僧由于长期吃素，摄入了大量的纤维素和矿物质，经新陈代谢后，身体里很容易形成大量的磷酸盐、碳酸盐等物质，这些物质沉积在体内就会形成结晶体。

寄生虫很可怕

不同的人感染蛔虫的数量有很大差别，有的人体内只有一两条蛔虫，有的人则有几十条。一份医学报告显示，医生在解剖一个人的尸体时，竟然找出了1987条蛔虫。

原子永不消亡

人由原子构成，但原子极其长寿，在人死后仍然可以重新被利用。我们每个人身上，可能有多达10亿个原子来自莎士比亚、释迦牟尼、穆罕默德等历史人物。这是不是比卡耐基还励志？从一出生，我们就站在了巨人的肩膀上。

月亮也会影响心脏

美国一家医学协会的报告显示：在满月到弦月的这段时间里，88名患者中有64%的患者出现了心绞痛；当太阳、月亮和地球排成一条直线时，有38名肠胃溃疡患者的出血量增多。啥也不说了，都是月亮惹的祸。

既是炸药又是救命药

心脏病患者的口袋里，经常会装着几粒绿豆大的药片。每当他们犯病时，他们就把药片含到嘴里，症状就会很快得到缓解。这种药叫硝酸甘油，口服后几秒内便可起到舒张血管的作用。它除了是心脏病患者的救命药外，还有另一个身份，那就是烈性炸药。

人们不能缺氧，也不能缺碳

人类呼出的每一口气都含有碳元素，人类每年要向空气中吐好几亿吨的碳。

只有碳原子才能形成像DNA和RNA这样的"生命分子"，因为它具有和其他原子相连成长链的能力。

人类存在的时间只是地球的一瞬间

如果把地球的历史压缩成一天，那么人类的历史只占了一分钟，而且是在午夜12点的前一分钟。这个时刻用英语来表达就是"one minute to midnight"，它除了表示时间外，还有一个含义，即末日之钟。

人类不能没有引力

徐志摩曾说："是人没有不想飞的，可能的话，飞出这圈子。"如果这个"圈子"是指引力圈，那么徐大诗人肯定会失望。因为科学证明，人在失去重力的情况下，心跳会减速，肌肉会萎缩，骨头会缺钙，到时候我们的大诗人估计连提笔写诗的力气都没有了。

体重其实就是地心引力作用在人体上的结果，而引力是相互的，你越沉，说明你的"吸引力"就越大。

你敢吃"重口味"料理吗?

据史料《番社采风图考》记载，台湾高山族人"得鹿则刺喉吮其血，或禽兔生啖之；腌其脏腹，令生蛆，名曰'肉笋'，以为美馔"。高山族人真是重口味。

非洲布须曼人的饮料很另类，他们喜欢喝羚羊胃里分泌出的一种液体，以及怀孕母兽的羊水。

人也吃腐肉

因纽特人在吃生肉的时候，会先将肉切成一条条，然后放进嘴里。除了喜欢吃生肉，因纽特人还爱吃腐肉，他们经常把肉放到半腐状态，认为这样的肉吃起来才美味。其实吧，"家家都有本难念的经"，因纽特人之所以吃生肉和腐肉，是因为他们缺少水果和蔬菜，只能通过吃生肉获得一些人体必需的维生素。

无痛感的人很危险

有一类人天生感觉不到疼痛，这并不是老天的恩赐，而是一种病态。例如，他们经常以同一种姿势站立，虽然没有任何不适感，但他们的关节却不断地受到损坏。很多没有疼痛感的人无法对痛觉做出躲避反应，身体受伤了自己还一无所知，所以他们的寿命一般不长，30岁左右就会死亡。

人体竟然能发电

英国有一位叫贾姬·普利斯曼的家庭妇女，只要她一靠近电器，电器就会损坏。迄今为止，她已经成功毁掉了众多吸尘器、电饭锅、除草机、吹风机和洗衣机等电器。据专家分析，这是因为她的身体机能失衡，产生了大量的静电。

一个女人引发的流感

美国曾有个叫玛丽的女人，是伤寒杆菌的携带者。这种细菌能通过食物传播，而玛丽的职业是厨师。资料记载，玛丽一共造成了7次大规模的伤寒流行，间接被传染甚至因此而死的人不计其数。

人活得越久，遇到奇事的概率就越高

美国国家航空航天局推测，在一年当中，小行星撞击地球的概率为1/300 000，如果一个人能活100年，这个概率就要提升100倍。也就是说，一个人活得越久，遭遇小行星撞击地球的概率就越大。

原始部落的计数方式

在澳大利亚的原始森林里，至今还有一些部落把自己的双手当成计数工具。一只手表示1，两只手表示2。在这些部落里，一般人只知道1，2，3，只有那些"聪明人"才知道4和5，一旦超过了5，他们就一概称为"很多很多"。如果你去那里旅游，记住千万不要问他们星星有几颗，因为他们会告诉你很多很多。

第三章

科学怪人：
实验室里的"疯子"

著名的科学家

▲ 英国物理学家
牛顿

▲ 英国生物学家
达尔文

▲ 意大利物理学家
伽利略

▲ 美国物理学家
本杰明·富兰克林

▲ 英国化学家、物理学家
约翰·道尔顿

▲ 美国发明家
爱迪生

▲ 意大利科学家
达·芬奇

▲ 德国哲学家
康德

我国古代观测天体的仪器

唐朝有两个特牛的和尚，一个是取西经的唐玄奘，另一个就是一行。一行是唐朝著名的天文学家。他和机械专家梁令瓒合作，发明了"黄道游仪"。黄道游仪是什么？其实就是观测天体的仪器。在研究黄道游仪的同时，他们还一起发明了自动报时装置。这种装置是闹钟的前身，能够自动撞钟，定点报时。俗话说当一天和尚撞一天钟，一行和尚莫非是嫌天天撞钟太辛苦了，才发明了这个"自动撞钟器"？

浑天说是我国古代的一种宇宙学说，用一句话可以概括——浑天如鸡子，天体圆如蛋丸，地如鸡中黄。浑仪就是以浑天说为基础发明的。

浑仪由一重重的同心圆环构成，像一个球。

帕金森综合征

英国医生詹姆斯·帕金森早年是狂热的社会主义者，参与各种社会活动。1794年他参与了一个疯狂的"玩具枪计划"，试图用带毒的飞镖干掉英国国王乔治三世，事情败露后，他差点被发配到澳大利亚。后来他开始研究地质学，写了一本《远古世界的遗骸》，成为地质学会的创始人之一。然而，人们之所以知道他，主要因为他是一种疾病的发现者，这种疾病叫作"帕金森综合征"，又名"震颤麻痹"。

全世界都是原子的

美国物理学家理查德·费曼说："如果要把科学史压缩成一句最重要的话，那就是'世界上一切物质都是由原子构成的'。"根据这句话，可以出版一本最另类的科学史，全书从第一页到最后一页，都只有两个字：原子。它将是有史以来最通俗的科学史。

科学家也需要有正义感

第一次世界大战时期，德国籍犹太人哈伯研制出糜烂性毒气和窒息性毒气，为此，他得意扬扬地说："在和平时期，科学家属于全世界；在战争时期，科学家属于自己的祖国。"然而，这个发明在第二次世界大战中给人类带来巨大灾难，近百万犹太人死于他们的同胞哈伯发明的窒息性毒气中毒。

女性之光——居里夫人

1911年秋，20多位全球顶尖的物理学家出席了索尔维会议，法国科学家居里夫人是其中唯一的女性。她走到爱因斯坦面前，摘下黑手套，露出一双瘦削的手，手指上有很多伤痕，她笑着对爱因斯坦说："瞧见没？这就是放射性的功劳，是对你的公式最好的证明。"居里夫人边说边用手指在空中画了个$E=mc^2$。

居里夫人一家可以说是"诺贝尔奖的得奖专业户"，居里夫人先是和她的丈夫皮埃尔·居里于1903年共同获得诺贝尔物理学奖，1911年居里夫人又单独获得了诺贝尔化学奖。有其母必有其女，居里夫人的女儿伊雷娜·约里奥·居里于1935年和她的丈夫也共同获得了诺贝尔化学奖。居里夫人的另一个女婿，美国著名外交家亨利，则在1965年获得了诺贝尔和平奖。

有时候运气也很重要

　　在英国生物学家达尔文之前，其实已经有科学家提出了进化论的观点，例如《动物哲学》的作者法国博物学家拉马克。不过拉马克的运气不好，当他把自己的著作献给拿破仑时，拿破仑说："我接受这本书，并不是因为你的观点，而是因为你那花白的头发。"拿破仑的侮辱并没有动摇拉马克对真理的追求，他通过不懈的努力，终于撰写出了《无脊椎动物自然史》一书。虽然拉马克研究的是无脊椎动物，但他自己却是一个有脊梁骨的人。

重审伽利略案

1642年1月8日，意大利科学家伽利略在教会的长期折磨下离开人世。300多年后，罗马教皇于1979年11月的一次公开集会上，承认伽利略当年受到的教会审判是不公正的，并且提出重新审理这一冤案。随后，6名获得诺贝尔奖的科学家为此成立了一个委员会，其中包括杨振宁。

自由落体定律

有这样一篇文章，大意是意大利物理学家伽利略在比萨斜塔上让两个不同重量的铁球垂直下落，最后发现这两个铁球同时落地。这个故事很可能是编出来的，因为这个实验忽略了空气阻力的作用。比较靠谱的是航天员大卫·斯科特在月球上做的羽毛和铅锤的实验，因为月球上没有空气，羽毛和铅锤会同时落地。古人常说"人固有一死，或重于泰山，或轻于鸿毛"，在真空里，鸿毛和泰山会同时落地。

达・芬奇的飞机手稿

15世纪的意大利天才博学家达・芬奇曾设计过一种名为扑翼机的飞行器。这个飞行器的外形像一只海燕，有一双宽大的翅膀及一具三角形尾羽，还有一个丁字形的支架支撑着整个机械。人趴在支架上用双手拉动双翅飞行。很可惜，这个设计并不能实物化。

第一颗人造卫星

1957年，苏联发射了人类第一颗人造卫星，名为斯普特尼克一号。后来他们又发射了斯普特尼克二号，上面还携带了一只莱卡犬。

早期的弹伤治疗方法

16世纪，弹伤还没有恰当的治疗方法。当时的人们认为，进入伤口的火药会引起中毒，因此，在子弹取出后，必须要将烧开的油倒入伤口消毒。接受这种手术的士兵会感到极大的痛苦，甚至可能导致死亡。军医巴雷一直用这种方法为伤兵治疗，有一次由于伤员太多，煮沸的油不够用了，巴雷急中生智，把蛋黄、蔷薇香油和松节油混在一起，涂抹在伤口上。之后，巴雷一宿没睡着，怕那些没有用沸油消毒的伤兵中毒而死。谁知道结果出乎意料，那些涂了新药的伤兵几乎都没啥痛苦，反倒是那些用沸油消毒的伤兵不住地呻吟。巴雷这才明白，用沸油治疗是错误的。如果那些伤兵知道这个结果，准会气疯。

一场关于"电"的实验

1764年4月，巴黎圣母院举办了一场关于电的科学表演。700名身穿灰色长袍的修道士手拉手围成一个半圆，表演者先用手摇动电机，向一个名为莱顿瓶的瓶子里充电，然后让领头的修道士双手捧瓶，接着又让排在末尾的修道士用手去握从莱顿瓶中引出的导线。只听噼啪一声，700名修道士同时遭到了电击，一个个吓得呆若木鸡。这个科学表演不仅证明了电力的强大，还让这700名修道士彼此带了"电"。

显微镜的发明

　　荷兰人亚斯·詹森是个眼镜商，他的夫人经常对他制作的眼镜评头论足。有一天，詹森用凹透镜和凸透镜做了两个圆筒，他发现，当他从凹透镜前面看自己放在凸透镜那端的手指时，手指好像变粗了很多。詹森兴奋地对他的夫人喊道："亲爱的，快来看啊。我制造了一件宝贝。"

　　他的夫人正做家务，过来瞅了一眼，没好气地说："这算个啥啊，手指头不用放大也能看清楚，你要是能让那些肉眼看不见的东西现形才叫本事呢。"听了夫人的奚落，詹森气不过，天天闷在家里搞研究，终于制造出了史上第一个显微镜。

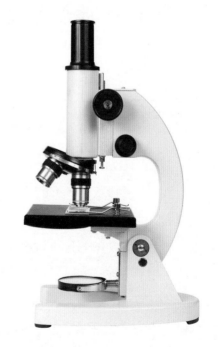

显微镜可以将物体
放大1600倍。

"地圆说" 的起源

古希腊数学家毕达哥拉斯是最早提出"地圆说"的人，不过他纯粹是通过数学推测得出的结论，其依据是球形是几何立体中最完美的图形。

凡物皆数

古希腊数学家毕达哥拉斯曾提出"凡物皆数"的观点，他认为数字的元素就是世界万物的元素，整个世界就是由数字构成的。毕达哥拉斯死后，他的门徒们对其学说进行研究发展，逐渐形成了一个强大的毕达哥拉斯学派。"无理数"就是毕达哥拉斯学派成员发现的。不过，这个学派的成员比毕达哥拉斯更激进，他们甚至试图用数字来解释宇宙中的一切，并且曾杀死持不同意见的学者。

医学中的志愿者

19世纪80年代，一位青年被走火的霰弹枪打中腹部，当地的美国军医威廉·博蒙特闻讯赶来，对他进行了及时的救助。一年后，这个病人恢复了健康，但是伤口无法愈合，被击中的胃一直裸露在外面。后来，这个病人的胃内壁上长出一层薄膜，盖在胃的破洞上，从这个洞口可以窥见胃的内部。威廉·博蒙特近水楼台，利用这个病人的胃研究消化问题，并且支付他一定的报酬。这个病人意识到自己奇货可居，要价越来越高，最后终于因为价钱没谈妥而"跳槽"了。唉，威廉·博蒙特天天研究人家的胃，竟然不知道人家的胃口到底有多大。

1900年，黄热病横扫古巴，导致成千上万的人死于非命。美国的里德医生为了证明黄热病是由蚊子传播的，搜集了大量蚊卵，孵化出几百只蚊子，然后将它们放进医院，去咬那些黄热病病人。美国细菌学专家拉齐尔博士是实验的主要负责人之一，他自愿让感染病毒的蚊子咬自己，结果染上了黄热病，一命呜呼。拉齐尔博士为了医学献身，真伟大。

在18世纪，最容易被雷劈的不是伤天害理的坏蛋，而是科学家。他们为了探索闪电的奥秘，经常做玩命的实验，传说富兰克林曾在下雨天放风筝，当然他不是追求浪漫，而是在线的末端挂个铜钥匙，在雷雨天做关于闪电电流的实验。其实这个传说不太靠谱，因为闪电放出的电压达几千万伏特，电流达几十万安培，如果富兰克林在电流通过铜钥匙时触摸它，那就不只是获得"触电般"的感觉了。

篮球比赛的起源

世界第一场篮球比赛诞生于1891年。在这场比赛中，全场共投进一个球，当时的篮筐就是家庭主妇装桃子用的篮子，球投进去后不会自己掉下来，必须由专门的人爬上梯子去取球。

真的有平行世界吗？

美国著名量子物理学家休·艾弗雷特三世于1957年

创立了平行宇宙的理论。该理论认为，所有可能的量子世界都是真实存在的，并且是平行存在的。各个世界分岔得越远，它们之间的差异就越大，在某些世界里，哥伦布没有发现美洲大陆，布鲁诺也没有被火烧死。而那些在时间开始后不久就分岔的平行世界，其差异更是大得无法想象。但是，不同平行世界里的人也可能有共同点。

简单地说，平行世界就是不同世界中有不同的小豆。

飞机的速度

飞机每秒飞行340米为音速飞行。1945年，有个英国人制造了一架高速飞机，在实验过程中，当飞机速度接近音速时，机身发生破裂，最终机毁人亡。于是人们将音速看作一堵障碍墙，又称为音障。那个时候还没有发明出超音速飞机，如果谁声称自己能超越音障，那么人们肯定会认为他在异想天开。

粒子的名字

随着科技的进步，物理学家发现了无穷无尽的粒子和粒子族，看看这些古怪的名字吧：π介子、μ介子、超子、介子、K介子、希格斯玻色子、中间玻色子、重子、超光速粒子……当时有个学生向美国物理学家恩里科·费米询问某个粒子的名称，恩里科说："我要是记得清这些粒子的名字，那我就是个植物学家了。"

飞碟"诞生"记

1947年6月24日，美国华盛顿州的公民爱德华声称自己在雷尼尔山附近看到了奇怪的物体，他告诉记者："这些物体上下波动，像一种新型的带翼飞机。"当被问及这些物体是如何飞行的时，爱德华用了一个比喻，说这些物体的飞行就像在水面上抛出一个碟子。结果第二天，各大报纸断章取义，说爱德华看见的是形状酷似碟子的神秘飞行物，就这样，飞碟"被"诞生了。

翻译家真是了不起

在16世纪，《圣经》是用拉丁文撰写的，一般人看不懂。罗马教廷也不允许任何人私自翻译。但英国著名学者威廉·廷代尔为了让老百姓都可以阅读《圣经》，自己将《圣经》翻译成了英文版。这让罗马教廷大为光火，他们认为一旦人们能用自己的语言来阅读《圣经》，罗马教廷的神父就会失去威信。最终威廉·廷代尔被捕，在布鲁塞尔被处死。

太空旅行第一人

2001年，美国商人丹尼斯进行了有史以来第一次商业性质的太空旅行，他花费近2000万美元在国际空间站玩了8天。电影《2001太空漫游》和现实中的2001年太空漫游有一个共同点，那就是它们都很费钱。

元素发现史上的无名英雄

来自瑞典的化学家卡尔·威尔海姆·舍勒是一个倒霉蛋儿，他在没有先进仪器的条件下，单枪匹马地发现了氯、氟、锰、氮等8种元素。但由于他是个地位低下的药剂师，这些功劳都被别人抢走了。他还发现了很多具有实用价值的化合物，比如用氯可以做漂白剂，但这些发现都是为他人作嫁衣，让别人发了大财。此外，舍勒还有着强烈的好奇心，不管试验品有毒没毒，他总喜欢尝一尝。好奇害死猫，他于1786年死在自己的工作室，去世时身旁堆满了有毒的化学品。

科学家都是有天赋的

英国著名化学家、物理学家约翰·道尔顿发现原子有三大特点，第一个特点是小，第二个特点是多，第三个特点是不可毁灭。道尔顿本人也有三大特点，第一是聪明，12岁时就当了贵格会学校的教师；第二是不爱搬家，25岁以后，他一直住在曼彻斯特，直到去世；第三是分不清颜色，很长一段时间，色盲都被称为"道尔顿症"，因为他不但自己是个色盲，还从事这方面的研究。

英国科学家托马斯·杨两岁就能阅读各种经典，6岁开始学习拉丁文，14岁用拉丁文写了篇自传，16岁时会说10种语言，并且深入钻研了牛顿的《自然哲学的数学原理》和拉瓦锡的《化学纲要》等科学著作。看来科学家学什么都很快啊。

美国芝加哥大学的博士生导师哈里森·布朗发明了一种测定火成岩中铅同位素的新方法。他将这项研究交给了他年轻的学生克莱尔·彼得森，作为后者的博士论文题目。不负众望，8年之后，克莱尔宣布最新测量的地球年龄约45.5亿年。有这样一个出色的弟子，想必导师也很骄傲吧。

爱因斯坦的趣闻

爱因斯坦上中学时，除了数学成绩好，其他科目的成绩都很差，很多老师都认为他智力发育迟缓。有一回，爱因斯坦的父亲询问学校的训导主任："我儿子将来适合从事什么职业啊？"这位主任直截了当地回答："做什么都无所谓，反正你儿子会一事无成。"

"爱因斯坦热"蔓延到美国国会，参众两院的议员纷纷扔下手里的宪法修正案，讨论起相对论来，引发了激烈的争吵。后来，一位聪明的议员说："其实吧，世界上只有两个人懂得爱因斯坦的理论，可惜其中一位已经过世了，而爱因斯坦本人由于年事已高，把自己的理论给忘了。"

美国普林斯顿一家医院需要招聘一位X光专家，有个犹太难民跑来求爱因斯坦帮忙，爱因斯坦二话不说，立即写了一封推荐信。过了几天，又有一个从希特勒铁蹄下逃出的犹太人求爱因斯坦帮忙，于是爱因斯坦又写了一封推荐信。爱因斯坦总共给4个犹太人写了推荐信，让他们去竞争同一个职位。到最后，负责面试的人都崩溃了："歇了吧，收起你的介绍信，来这儿求职的每个人都有一封这样的介绍信。"

爱因斯坦刚出生时，后脑大得令人匪夷所思，而且他的头骨呈棱形，这副尊荣让爱因斯坦的奶奶大跌眼镜："这不是大头怪婴吗？"当然，她当时并不知道，在这个大脑袋里，将会滋生出人类最伟大的思想。

德国数学家闵可夫斯基曾当过爱因斯坦的数学老师，当年爱因斯坦不好好上课，闵可夫斯基称他为"懒狗"。等爱因斯坦那篇著名的论文《论运动物体的电动力学》发表后，闵可夫斯基成了他这位天才学生的头号支持者，有同事揶揄他："闵可夫斯基，你现在成了'懒狗'的粉丝啦？"闵可夫斯基说道："人家都在琢磨光速了，自然不是'懒狗'啦。"

第一部长电影只有15分钟

法国导演乔治·梅里爱执导的第一部长片是1899年的《德莱孚斯案件》，这部电影的长度为15分钟，之所以叫它"长片"，是因为在当时，大多数电影的长度都不到5分钟。如果按照当时的标准，现在的微电影必然属于"超长片"了。

乔治·梅里爱创造了真正的电影戏剧艺术，他的老本行是魔术师，他将微妙的魔术手法应用到了电影中，让观众大呼过瘾，并且辨不出真假。也许，电影本身就是一场炫丽的魔术，但这种服务于电影艺术的障眼法却被人应用到了电视新闻里。

爱迪生竟然是个盗版商

大家都知道爱迪生是美国伟大的发明家，但很少有人知道他是20世纪初最声名狼藉的电影盗版商。他曾大量复制竞争对手的电影作品，当版权法明令禁止这种盗版行径时，爱迪生又采用其他抄袭办法来代替复制。对此，爱迪生表现得非常理直气壮，他认为这些制片商侵犯了他的专利权。

爱迪生的耳朵是怎么聋的？这件事扑朔迷离，就像罗生门一样。说法一：爱迪生从小家境贫寒，自12岁起，就在火车上卖报纸和饮料，一边挣钱一边做科学实验。有一次，爱迪生正在做实验，火车突然发生倾斜，装着黄磷的罐子从架子上掉下来，黄磷遇空气燃烧，引起大火。愤怒的列车员史蒂芬及时赶来扑灭了火，并且朝爱迪生打了几拳，其中一拳打在他的耳朵上，导致鼓膜破裂，从此爱迪生就听不到声音了。说法二（来自爱迪生本人的自述）：有一天，我赶火车晚了，由于抱着一大捆报纸，只能勉强抓住已经开动的车把手，这时列车员赶紧伸手来拉我，但凑巧抓住了我的耳朵，于是他就拽着我的耳朵把我拉上了车，我得救了，耳朵却从此聋了。说法三（来自史学家考证）：爱迪生的耳朵从小就不好使，出生后不久，他就得了重度的猩红热，虽然捡回了命，却搭上了耳朵。

优秀会 "传染"

英国物理学家约瑟夫·汤姆孙因测出了电子的电荷与质量的比值而获得诺贝尔奖，他的儿子乔治·汤姆孙则因证明电子是波而获得同样的殊荣。

英国生物学家达尔文曾说过："跟亚里士多德相比，大多数科学家都是小学生。"这句话太对了，因为就连著名的亚历山大大帝都是亚里士多德的学生，其他人能不"压力山大"吗？

量子力学是年轻人的天下

量子力学是年轻人的天下，32岁的法国理论物理学家路易·德布罗意提出了物质波；28岁的丹麦物理学家尼尔斯·玻尔提出了关于原子结构的玻尔模型；26岁的德国物理学家爱因斯坦提出了光量子假说。

真实的牛顿

英国科学家罗伯特·胡克是历史上伟大的科学家，他曾协助英国化学家波义耳发现了波义耳定律[①]；他发明了显微镜与望远镜；他提出的胡克定律[②]成为力学最重要的定律之一。然而，胡克的一生却深陷在"既生瑜何生亮"

———————

① 在密闭容器中的定量气体，在恒温下，气体的压强和体积成反比。
② 固体材料受力之后，材料中的应力与应变（单位变形量）之间呈线性关系。

的泥潭里，他的对手是赫赫有名的科学巨人牛顿。最悲剧的是，胡克死后连一张画像也没有留下来，原因是牛顿不允许。

牛顿说过一句家喻户晓的名言：如果我看得足够远，是因为我站在巨人的肩膀上。这句话出自牛顿在1676年写给胡克的一封信中。当时，他跟胡克在光的问题上吵得不可开交，很多史学家都把这句话当成一种阴损，因为胡克是五短身材，跟巨人没有半毛钱关系。

牛顿的后半生几乎全部耗费在对神学和世界末日的研究上，他为了推算出世界末日的具体日期，用了数千页稿纸。最后，经过一番枯燥烦琐的运算，牛顿预测世界末日将发生在2060年。估计当时有两个苹果砸在了牛顿头上，第一个让他开窍了，第二个把他砸"傻"了。

《自然哲学的数学原理》是牛顿的代表作，在这部作品中他阐述了著名的牛顿三大定律，但就是这样一本伟大的科学著作，在当时却差点没能成功出版。这个关键时刻，一个名叫哈雷的人伸出了援手，他自己掏腰包帮助牛顿支付了出版费用。会发光的不只是彗星，还有牛顿，好在我们的哈雷老兄有一双慧眼。

奇异的博士

生活在中世纪的英国哲学家罗杰·培根，是实验科学的先驱，由于他的思想过于前卫，当时的教会对他进行严格的控制，禁止他写作和传播思想。后来，培根的铁哥们克雷芒四世被选举为教宗，他公开对培根的研究表示支持，让培根把自己的研究成果写出来。久旱逢甘露，培根忘情地投入工作，短短18个月就完成了3卷皇皇巨著。不过培根不太擅长起书名，这三卷书分别叫《大著作》《小著作》以及《第三著作》。

诺贝尔最爱炸弹

诺贝尔的父亲伊曼纽尔·诺贝尔是个商人，但在业余时间，他钟情于化学实验，尤其喜欢研究炸药。由此看来，诺贝尔之所以能发明炸药，有一定的遗传因素。

很多人都认为，诺贝尔发明的炸药用于战争后，他非常伤心，为了消除战争，他在遗书中决定捐出自己的大部分财产，设立诺贝尔奖奖项。实际上，诺贝尔活着的时候，就积极地研制军用炸药，并且向世界各地销售。对此，诺贝尔还想了一套托词："我想制造出一种能够毁灭一切的武器，这种武器能让交战的双方在瞬间同归于尽，这样一来，文明国家就会由于恐惧而不再发动战争，并且解散军队。"为啥不设个"诺贝尔腹黑奖"呢？

研究橡胶，就先穿上橡胶

美国科学家古德伊尔一生贫穷，曾因还不起债务而坐牢，但他是个"橡胶控"，一辈子都在研究橡胶的制作方法。当地的居民这样描述他："如果你在路上看到一个头戴胶皮帽，身披胶皮风衣，内套胶皮背心，下穿胶皮裤子，脚蹬胶皮鞋，手拎胶皮钱包的人，那么这个人不是别人，一定是古德伊尔。"

飞机可以拿着走

美国莱特兄弟发明飞机后，法国大财团打算购买莱特飞机的专利，并且邀请他们去法国进行飞行表演。莱特兄弟不是开着飞机去的，而是"提"着飞机去的，他们将飞机拆散，装在几个板条箱里，优哉游哉地来到了法国。这件事发生在1908年，而现在的飞机体积庞大、结构复杂，不会再出现拎着飞机的景象了，不信你可以试试，看是否能将波音747拆了，然后装在箱子里提着。

地球不是圆的

1735年，法国科学院先后派出两支测量队，一支远赴南美秘鲁，另一支去往北欧极地拉普兰德，经过实地测量，计算出地球扁率为1：297.2。此后，再也没有人怀疑地球是一个扁椭圆球体了。扁椭圆球体……原来地球的形状就像个不标准的橄榄球啊。

藏起来的科学家

英国物理学家、化学家亨利·卡文迪什被誉为英国最伟大的科学家之一。他在物理、化学领域有非常多的发现，比如首次发现了库仑定律和欧姆定律，研究了空气的成分，并测量了地球的密度等。但他并不是一个能侃侃而谈的专家，而是个超级"社恐"，与管家都要以写小纸条的方式交流。曾经有位粉丝专门站在门口夸奖他，亨利羞得扭头就跑，连门都忘记了关。几小时之后，他才在劝说下回家。看来他是属含羞草的。

科学家也有小心机

1857年，英国生物学家赫胥黎在翻阅一本名为《丘吉尔医学指南》的书时，竟然发现英国动物学家理查德·欧文被列为政府采矿学院的解剖学和生理学的"双料教授"，他大吃一惊，因为这两个职位是属于达尔文的。当他质问这本医学指南为何犯如此低级的错误时，却被告知这个信息是由理查德·欧文本人提供的。

向人类献出自己的骨头

在一般情况下，一个物种的模式标本，就是这个物种被发现的第一副骨架，但由于人类的第一副骨架已经不存在，因此就产生了一个空缺。美国古生物学家爱德华·德林克·柯普有个奇怪的念头，他一直想填补这个空缺，他希望在自己死后，他的骨头能被宣布为人类的模式标本。为了实现这一理想，他立下了遗嘱，把自己的骨头捐献给了位于费城的威斯塔研究所，不幸的是，在经过一系列的处理和装配后，人们在他的骨头上发现了梅毒的症状。就这样，柯普的骨头"落选"了。

拉瓦锡的趣闻

法国大革命时期著名科学家、现代化学之父拉瓦锡死于当时的恐怖政治，100年后，为了纪念他的卓越贡献，人们在巴黎建造了一座拉瓦锡雕像。很多人前来瞻仰，越看越觉得这座雕像不像拉瓦锡本人，在众人的盘问下，雕刻师终于招了，原来他用的是哲学家孔多塞的头像，不知道这算不算是一种"豆腐渣工程"。

18世纪中叶，法国国王对老百姓征收重税，但政府并不直接出面，而是将其承包给"包税人"。包税人事先向国家支付一笔巨款，然后就能开展包税业务，包税人只需保证给国王按时缴钱，至于他向老百姓收多收少，国王就不管了。当时有个年轻的化学家，因为没钱建实验室和买仪器，于是从老爹那里借了一笔钱做首付金，昧着良心当了一名包税人。这个年轻人的名字叫拉瓦锡。

科学家也需要一个好妈妈

俄国化学家门捷列夫很伟大，因为他归纳出元素周期律并制作出元素周期表。他的母亲比他更伟大，她为了让小门捷列夫接受良好的教育，带着小门捷列夫跋涉了几千多公里来到圣彼得堡（相当于从伦敦到赤道几内亚的距离）。但是不久之后，她就过劳死了。

一位腼腆的科学家

英国物理学家詹姆斯·查德威克生性腼腆，在大学期间，当他的同学们都沉浸在花前月下时，他却一点不为所动，只顾埋头苦学。有一次，有个女生给他写了封情书，查德威克感到不知所措，最后竟然被吓哭了。

中子的发现者

英国物理学家詹姆斯·查德威克花了10多年的时间

寻找中子，老天不负有心人，他终于在1932年获得成功，并于1935年获得诺贝尔物理学奖。幸好中子的发现时间不太早，因为中子的发现是制造原子弹的重要先决条件。如果他在20世纪20年代就发现中子，那么原子弹可能由德国先行研制出来，想象一下，如果希特勒拥有了原子弹，他会干出些什么事儿来。

原子核是由中子和质子构成的。

海王星的发现

　　1846年9月，德国天文学家伽勒收到一封来自青年数学家勒威耶的信，勒威耶让他在夜里把望远镜对准某个方向的天空，他将在那里发现一颗新的行星。伽勒当夜按图索骥，果然在勒威耶指示的那一方天空中，发现了一颗光亮微弱的行星。这颗行星就是太阳系八大行星之一的海王星。勒威耶真的是个数学家而不是天文学家吗？

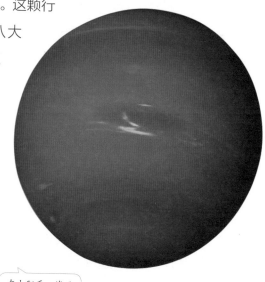

在太阳系，海王星是距离太阳最远的大行星。

科学史上的奇迹年

科学史上的两个"奇迹年"分别是1665年和1905年。1665年，22岁的牛顿为了躲避瘟疫，窝在乡下的老家。在那段时间里，他发展了微积分学，完成了对万有引力的开创性研究工作，为力学、数学、光学三大学科打下了基础。1905年，26岁的爱因斯坦在专利局搞研究，发表了一篇名为《论运动物体的电动力学》的论文，提出了狭义相对论。你知道了吧？"宅男"其实是很有潜力的。

诺贝尔奖豪门

英国著名物理学家卢瑟福曾是卡文迪许实验室的"掌门人"，作为一个循循善诱的物理导师，他培养出了布莱克特、詹姆斯·查德威克、沃尔顿等10位诺贝尔奖得主，此外，卢瑟福本人也是一位诺贝尔化学奖得主。什么叫豪门？这就叫豪门，诺贝尔奖豪门。

诺贝尔奖共有5种奖项，分别是物理学奖、化学奖、生理学或医学奖、文学奖及和平奖。

量子力学的奠基者之一

　　英国理论物理学家保罗·狄拉克是量子学的奠基者之一，他于1933年获得诺贝尔物理学奖时，年仅31岁。狄拉克曾对卢瑟福说不想领这个奖，因为他厌恶在公众中的名声。卢瑟福劝道：你要是不领奖，名声就更响了。狄拉克一琢磨，还真是这么回事，于是乖乖地领了奖。保罗还是年轻啊，不如卢瑟福先生老到。

你解得开这道墓志铭吗？

丢番图是古希腊著名的数学家，他的墓志铭非常有特色："上帝给予的童年占六分之一，又过了十二分之一，开始长胡子，再分七分之一，结婚的蜡烛被点燃。五年后，天赐贵子，可惜这个可怜的孩子，享年仅有其父的一半。为了弥补悲伤，丢番图只有研究数论，四年过后，他也走完了自己的人生旅途。"丢番图这段墓志铭实际上是一道数学题，这老先生也真是的，死后还给人留下难题，真是难为那些给他扫墓的后人了。

欧拉曾是个叛逆小青年

欧拉是18世纪的瑞士数学家，他从小就很叛逆，常常让他的神学老师感到很崩溃。有一次，他问老师："天上一共有多少颗星星呢？"老师故作镇定地说："天空里的星星都是上帝亲手镶嵌上去的，没必要知道具体数目。"小欧拉反唇相讥道："既然上帝亲手制作了星星，又怎么会不知道它们的数目呢？"老师当场崩溃。

广告语的重要性

德国著名哲学家康德在23岁时就霸气外露，在一次演讲中，他这样说道："我的目标是发现真理，牛顿、莱布尼茨等人的威信不值一提。"31岁时，康德出版了《宇宙发展史概论》，书里有这样一句广告语："只要给我物质，我就能用它造出一个宇宙。"这比古希腊物理学家阿基米德的"给我一个支点，我就能撬起整个地球"可牛多了，至少听起来是这样。

动物电的发现者

意大利医生伽伐尼发现，用两种不同的金属导体分别与蛙腿的神经和肌肉接触，在连通两个导体时，蛙腿会产生痉挛的现象。这实际上是电流让蛙腿产生了生理作用，伽伐尼却异想天开，认为青蛙体内含有动物电。

逃逸速度

　　要想摆脱地球的引力，飞行器必须要具备11.2千米每秒的速度，这就是著名的逃逸速度。1929年，苏联72岁科学家齐奥尔科夫斯基发表了名为《宇宙航行》的论文，在这篇论文中，他提出了多级火箭的构想。"火箭列车"是一节一节连起来的，就像火车一样，每一级火箭在完成任务后，就会自动脱落，从而减轻负荷，达到逃逸速度。"火箭列车"与古代传说中的龙有很多相似点，都很长，都能喷火，都能飞得很高。如果成语"叶公好龙"里的叶公活在今天，也许是个"火箭发烧友"呢。

谁发明了狂犬疫苗？

　　法国化学家路易斯·巴斯德是狂犬疫苗的发明者，他为了弄清狂犬病病毒的真相，多次用疯狗和兔子做试验。有时他把疯狗的唾液注射到兔子体内，有时则让疯狗直接去咬兔子。有一回，一只狗疯病发作，但怎么都不肯去咬兔子，为了取得疯狗的唾液，巴斯德竟然用嘴含住一个玻璃滴管，对着疯狗的嘴巴，然后将毒液一滴一滴地吸入口中的滴管。这才是真正地为科学而"献身"啊。

旅游专家徐霞客

　　明代地理学家徐霞客从小就立志游遍大江南北，从22岁到56岁的这34年中，徐霞客持续旅行16次，游历了江苏、浙江、安徽、河北、云南、福建、湖南、湖北、广西、广东等16个省，并且以日记体写成了一部《徐霞客游

记》。徐霞客的经历告诉我们，当"驴友"不难，难的是当一辈子"驴友"，当一辈子"驴友"也不难，难的是让自己的"旅游博客"流传数百年，并且获得超高点击量。

每年的5月19日是中国旅游日，这也是《徐霞客游记》开篇的日期。

扁鹊名字的由来

传说扁鹊是春秋战国时代的名医，原名叫秦越人，由于医术高超，人们就称其为扁鹊。也许你会暗自嘀咕："这是什么名字啊？扁鹊？扁的鹊？"其实，这是时人将其视为吉祥喜鹊的一种尊称。

谁发明了旅游鞋？

最早的旅游鞋是由南北朝时期的诗人谢灵运发明的，谢灵运是当时的资深"驴友"，经过长期的登山运动后，他发明出了一种适宜登山的鞋子：在普通的鞋子下开几条槽，用坚固的木料做两排鞋齿。上山时将鞋齿插入后跟齿槽里，使其前低后高；下山时把鞋齿拔出来，插入前掌齿槽里，让其前高后低；在平地行走时则取出鞋齿，使得前后一样高，成为一双平底鞋。人们把这种登山鞋称为"谢公屐"。可惜那时候不能申请专利，不然谢公屐肯定能成为全球第一运动品牌。

李时珍的运气不太好

　　明代医药学家李时珍完成《本草纲目》的创作后，到处联系出版事宜，但苦于找不到刻印的地方，那些迫切需要这部书的人，只能用手抄了。直到12年后，南京有个出版商认为有利可图，才刻印了这部书。李时珍的悲剧在于生不逢时，在今天，他肯定能成为养生保健类图书的畅销作家。

▲ 《本草纲目》

你猜猜《本草纲目》有多少字？

我知道，192万字。

既是炼丹家也是化学家

　　葛洪是东晋著名的炼丹家，他喜欢给人们表演一种点石成金的节目：他先找来一个生铁铸成的香炉，用沙子将其摩擦一番，然后将刷子蘸上曾青，迅速涂抹香炉的表面，只一会儿工夫，香炉就放出金光，就好像它是由金子制成的。其实，葛洪这个把戏利用的是铜铁置换的化学变化，曾青的主要成分是硫酸铜，它附着在铁的表面，导致香炉变成了金黄色。葛洪身为一个炼丹家，却老是"走穴"干魔术师的营生，没准他在表演前也会说一句：接下来是见证奇迹的时刻。

▲ 炼丹炉

谁发明了电话交换机？

史端乔是美国一家殡仪馆的老板，专门承接丧葬业务。有一天，他发现每当用户打电话到他的殡仪馆时，人工电话局的话务员就总是故意把电话接到另一家殡仪馆，导致他丢了很多生意。史端乔怒了，决心发明一种不用话务员的电话交换机，1892年，这个丧葬业老板成功了。

机械让飞艇发展更迅速

19世纪新动力机械的发明，让人造飞行器迈上了一个台阶。1852年，有一艘44米长的飞艇在巴黎郊区升空，飞艇中安装了一台蒸汽机，能用每分钟110转的速度带动三叶螺旋桨，推动飞艇以每小时9.4千米的速度航行。不过这艘飞艇的导航装置比较烂，最后失去控制，落在一个牧场里，压死了8头奶牛。

171

眼睛可以控制计算机

美国曾研制过一种"眼控电视"，这种电视机内装有能通过眨眼来控制的电子计算机，当需要开关电视或换台时，观众只需用眼睛朝电视机的附属计算机眨眨眼就行。

黑匣子最重要

在飞机尾部最安全的部位，安装有黑匣子，其作用是在空难发生后，给调查人员提供证据，让人们了解事故的发生原因。黑匣子实质上是一种磁性记录器，由飞行数据记录器和驾驶舱话音记录器两部分组成。由于担负着"证人"的使命，黑匣子造得非常结实，它能够在1100 ℃的高温下，耐受30分钟的灼烧；能够在0.005秒内承受每秒1000米的加速度；能被2吨重的物体挤压5分钟；能在汽油、海水、硫酸等液体中浸泡好几个月……唉，人类的脑壳要有黑匣子这么皮实就好了。

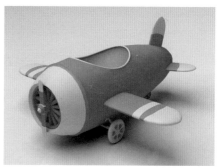

充气轮胎的发明充满了偶然性

将充气轮胎应用到自行车上是英国人邓禄普的发明，他把自家花园里用来浇水的橡胶管弄成圆形，打足气后装在自行车轮子上。不久后，他参加了当地的自行车比赛，取得了不错的名次。其实他的本职工作是兽医，他是从医治牛胃气膨胀中得到的启示。

猫也是科学实验的志愿者

在起电机发明之前，科学家进行任何电学实验，都必须玩命地摩擦物体以获得少量的电。有一次，一个科学家做了个大轮子，在轮子上安装了许多风车似的叶片，叶片顶端嵌有琥珀，然后把自家养的猫绑在轮子下面。随着轮子的转动，琥珀不断摩擦猫的背部，这样一来，猫身上的毛皮就会因摩擦而生出电火花。这个实验放到现在，算是一起虐猫事件了吧？

程序是计算机的"大脑"

"计算机之父"冯·诺依曼确立了第一代到第四代电子计算机的工作原理：事先将编好的程序和数据储存在计算机里，这样一来，计算机就能自动按照程序执行指令。这个原理局限性较大，如果程序不正确或不全面，计算机就会跟着犯错。这个过程说得简单一点，就是人先把计算机带到沟里，然后计算机又把人带到沟里。

逻辑炸弹

美国一家银行的程序员为了对付自己的老板，在银行的电脑中设置了这样一条指令：一旦本人的名字被从电脑里领取工资的名单中删除，就立即删除该银行电脑中的所有内存。这种电脑病毒就是大名鼎鼎的"逻辑炸弹"。这种炸弹与某些病毒的作用类似，危害性极大。

荷尔蒙毒针枪

英国曾研制出一种名为"荷尔蒙毒针枪"的武器，间谍将枪里的"雌性荷尔蒙"注射到煮熟的食品里，男性吃了这种食品后，就会嗓音变尖，胡须掉光，乳房膨胀。

苍蝇可能成为"生化战士"

英美谍报专家曾研制出一种"山羊粪生化武器"，它所含的"消醒引诱剂"能把那些冬眠的苍蝇吸引过来。数以百万计的苍蝇叮在这些充满病菌的"山羊粪"上，然后带着大批细菌飞往各地大面积地传播瘟疫。鲁迅先生曾说："去罢，苍蝇们！虽然生着翅子，还能营营，总不会超过战士的。"而在现代战争中，这些苍蝇却成了最恐怖的"生化战士"。

世界上第一艘潜艇

　　世界上第一艘潜艇是由17世纪的荷兰发明家科尼利斯发明的。那艘潜艇是木制的，只是在最外面蒙了一层涂着油的牛皮。潜水的关键在于船内设置的羊皮囊，下潜的时候，羊皮囊内就会灌满水，上升的时候，羊皮囊内的水就会被挤出去。这艘潜艇虽然上升和下沉都很方便，但航行起来却比较麻烦，必须用人工划动木桨才能前行。

大多数的大型潜艇都是圆柱形的。

▲ 核潜艇

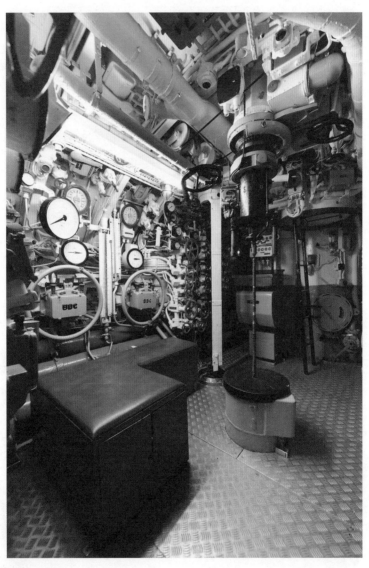

▲ 潜艇内部

苯的发现

　　香料中的化合物结构中往往含有苯环，苯是英国科学家法拉第发现的。法拉第使用分离技术，从煤气桶里凝结的油状物中得到了一种无色的液体。不过，法拉第并没有给出苯的分子结构。

　　德国化学家奥古斯特·凯库勒曾因为苯分子结构模式的问题寝食难安，有一天晚上，他梦见苯分子突然变成了一条蛇，紧紧地咬着自己的尾巴。凯库勒醒来后深受启发，悟出了苯分子的结构是环形的。日有所思，夜有所梦。

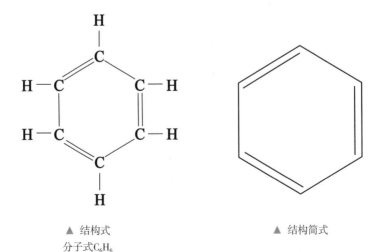

▲ 结构式
分子式C_6H_6

▲ 结构简式

虫子吃了同类，会继承记忆

　　1962年，美国科学家麦康内尔得出了一个惊人的实验结论：虫子吃了被碾死的同类后，会获得死虫的记忆。这个实验具体做法如下：每射出一次光线后，就对实验室里的涡虫进行电击，在反复多次后，涡虫一感到有光线照射就会立刻蜷缩起来以防御电击。之后，再把这些涡虫碾死，喂食给其他的涡虫，后者在吃了同类后就会显示出同样的蜷缩习惯。

　　后来又有很多年轻的科学家做了这个实验，但是大多都失败了，对这一实验结果深信不疑的科学家雅各布森解释说，实验之所以失败，是因为研究人员没能跟虫子进行有效的感情交流。

哈雷彗星的预言者不同凡响

　　英国著名天文学家埃德蒙多·哈雷是个了不起的人。他出过海，曾是船长和地图绘制员；他下过海，曾是皇家制币厂的副厂长；他教过书，曾是牛津大学的几何学教授；他进过体制，曾是皇家天文学家；他搞过发明，是气象图和深海潜水钟的发明者。他唯一遗憾的就是没有亲眼见过那颗以他的名字命名的彗星——哈雷彗星。

科学的灵感有时候也源自艺术

英国神经生理学家查尔斯·谢灵顿年轻的时候，受其中学老师诗人托马斯·亚瑟的影响很大。在他的影响下，谢灵顿不但学会了写诗，还拿到了1932年的诺贝尔生理学奖。

谁发明了三明治？

三明治的英文为"sandwich"，本来是大不列颠王国伯爵的封号。三明治伯爵有个爱打牌的后人，名叫约翰·孟塔古，他们打起牌来没日没夜，经常忘了吃饭。有一回，约翰·孟塔古跟牌友玩了二十几个小时，肚子饿得咕咕叫，就对仆人说："赶紧给我弄点吃的，越快越好。"这个倒霉的仆人在街上转了几圈，发现大多数铺子都关门了，只好在小摊上买了块面包，在面包里夹了片肉，然后递到孟塔古手里。孟塔古正狼吞虎咽地吃着，一个牌友取笑他："孟塔古老爷吃东西真不讲究，吃啥都成。"孟塔古听了，面子上挂不住了："你懂什么，我吃东西最讲究了，你知道我吃的是什么吗？是我家祖传的三明治快餐。"后来这句话传到了一家食品店老板的耳朵里，他觉得奇货可居，于是开发出了三明治快餐系列，从此一炮打响。孟塔古老爷明明是将就，结果歪打正着成了讲究了。

第一台电子计算机

第一台电子计算机是由美国宾夕法尼亚州的莫克利研制的，这台机器使用了1万多个电子管，7万个电阻，1万个电容以及600个开关，整部机器长30米，高3米，宽1米，重30多吨，共占地170多平方米。它比机械式计算机要先进得多，一秒钟可运算几万次。它的全名叫"电子数值积分计算机"，其实，我们还可以用一部香港电影的片名来形容它：大块头有大智慧。